THERMOS® 膳魔師®

百年品牌 源自德国

当你一个人的时
吃什么？去哪里吃？
其实，一个人的美
膳师焖烧罐，让你

色拉

灌，美型上市

华丽升级 ————————

THERMOS® 膳魔師®

百年品牌 源自德国

TCLA 焖烧锅

美食魔法

THERMOS　　**THERMOS**

候，是否发愁：
难吃？不会做？……
食，可以很简单，
轻松"掌"控美味！

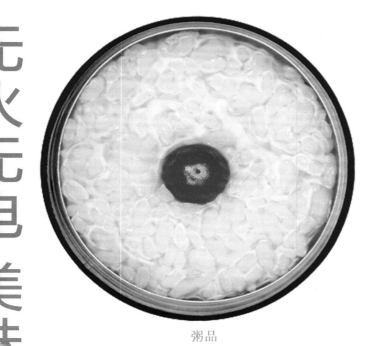

粥品

· 薄荷绿 ·   · 莱姆青 ·

一人美食小馆膳魔师食物焖烧罐

产品继承了 JBJ 系列美貌的同时, 焖烧功能更上层楼, 自带小汤勺让
高颜值同时兼顾, 美食美貌都能轻松"掌"控。

汤勺防尘盖

内置折叠汤勺

泄压阀, 方便开启

大口径, 易盛料清洗

小身材, 大容量

THERMOS

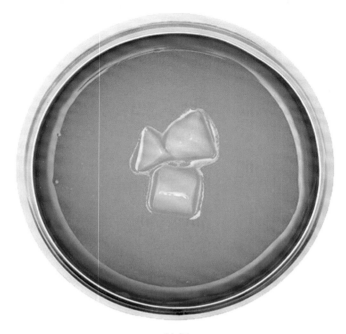

浓汤

美味轻松"掌"控

师的"真空断热技术"。

物煮熟煮透，保留食材的原味和营养。

样、暖心健康的可口美食

列将全面登陆膳魔师全国各大专柜和网络销售渠道。

本内容由膳魔师公司提供,并负完全责任。

甜点

烹饪无火无电，

美食魔法的秘密在于膳魔
有效锁住热能，可长时间密闭焖煮，将食
安安静静的为你呈上反复多

全新 TCLA 系

· 西瓜红 ·　　　　　　　　　　· 葡萄紫 ·

功效和

建议零售价：
298 元

立即扫码享优惠！

立即扫码享优惠！

依口味选择！依体质选择！

随身小厨房

焖烧罐祛寒减肥汤午餐

[日]石原新菜 [日]金丸绘里加 著

蒋佳珈 译

光明日报出版社

"姜汤午餐"祛寒效果超强！

　　在我担任副院长的石原诊所，很多患者带着西方医学无法改善的症状来接受汉方医学或自然疗法的诊治。这些患者共同的症状就是"体寒"。从慢性便秘、腹泻、生理不顺所导致的疼痛，到生活习惯不良造成的疾病、肥胖等，都和体寒有着密切的关系。

　　因此，"体寒"可以说是万病之源，能够有效治愈此关乎身心万病之源的仙丹妙药，就是大家所熟悉的生姜。我特别推荐能从根本上改善寒性体质的食材——由生姜蒸过后晒干的"干姜"。经过热蒸，可让生姜辛辣成分中的一部分姜辣素转化为姜烯酚，姜烯酚是改善寒性体质的有效成分。

　　话虽如此，针对生姜必须"蒸过"这一点，有人觉得很麻烦，于是我特别研制和蒸姜有相同效果的"焖烧罐80℃姜食午餐"。所谓"80℃姜"，是指以80℃左右的温度来调理姜料理3小时，使其最大限度地释放出姜烯酚成分。若使用焖烧罐来进行约80℃的保温调理，就能够轻松地增加姜烯酚含量。

　　而且，白天的活动量大，若午餐能食用温暖的姜食料理，就能有效地提升体温，从汉方医学的角度来看，也具有一石二鸟的祛寒效果。

　　本书Part1精选日式、西式、中式·异国风味等多种美味汤食料理。Part2设计了能改善各种身体不适的汤食料理。Part3则介绍80℃的姜食饮品。所有食谱都使用了丰富的姜料，所以能充分达到祛寒及减肥的效果。此外，姜的切法也必须花些功夫，不仅希望能摄取生姜精华素，也希望能摄取食物纤维及身体所需的其他营养素，所以特别邀请金丸绘里加小姐研发食谱及制作料理，本书收录的都是既美味又能促使身体温热的美食料理。

为了改善寒性体质，每天持续食用非常重要。只要早上花 5 分钟进行处理，就能完成充满姜料精华的姜食午餐，请从现在开始养成食用"80℃姜"的习惯。

石原新菜

CONTENTS 目录

PART 1 80℃姜食法让你每天充满元气 **食材丰富的每日汤品**

9种症状的概念　Part1、3的食谱，除了可以选择自己喜欢的味道外，还可以根据身体状况来选择。

消除眼睛疲劳	**改善便秘**	**增加女性魅力**
从事计算机工作，过度使用眼睛的上班族群。	食物纤维丰富的热汤，是改善便秘的利器。	可改善女性生理不顺、生理痛、水肿、贫血等症状，增加女性魅力。
消除疲劳	**消除宿醉**	**提高免疫力**
容易紧张焦虑、心力劳瘁者。	因为应酬多而肝功能低下的人。	花粉症患者或深受鼻炎之苦的人。同时具有抗老化效果。
预防感冒	**改善头痛**	**控制食欲**
能让身体温热的食材，可以提高免疫力，预防感冒。	体寒或焦躁、水分摄取过量、宿醉等引起的头痛。	担心吃得过多而导致体重过重或胃酸过多的人。

按照食谱中的主要食材、分量多寡排序。

姜具有什么效果？

汉方中也将生姜作为药物使用。让我们先来了解它具有什么健康效果吧！

生姜含有大量姜辣素，对于改善手脚冰冷非常有效！

生姜的特征
具有强烈杀菌及提高免疫力的效果。辛辣成分中的姜辣素具有提高手脚末梢或身体温度的作用。

• 主要成分
以姜辣素为主，还有姜烯酚、香气成分的桉油酚、维生素$B_1 \cdot B_2$等。

• 汉方作用
新鲜的姜干燥后称为生姜。具有排除身体寒气的作用，感冒之初推荐喝姜汤。

主要药效
○ 杀菌
○ 提高免疫力
○ 促进血液循环
○ 促使发汗
○ 增强肠胃机能
○ 抑制头痛及恶心

蒸过的生姜，姜烯酚大增，让身体由内而外感到温暖

蒸姜的特征
姜烯酚能燃烧体内脂肪及糖分，促使体温上升，能让身体由内而外感到温热，从根本驱除寒气。

• 主要成分
辛辣成分的姜辣素，通过加热过程可以增加姜烯酚含量。

• 汉方作用
生姜蒸过干燥后的干姜，对于慢性寒症、肠胃蠕动不佳等虚弱体质的人特别有效。

主要药效
○ 减肥
○ 解毒
○ 血液顺畅
○ 提高免疫力
○ 提升体温
○ 提高抗酸力
○ 促进消化·吸收能力

经过加热，转化成分

先了解姜辣素和姜烯酚的性质不同
具有杀菌作用及促使身体末梢或体表血流活化而发汗的姜辣素，是击退感冒的高手。从体内发热的姜烯酚，是祛寒达人。

加热、干燥后，姜烯酚含量可增加10倍！
生姜含有的姜烯酚仅有0.01%，但干燥后可增加至0.073%。以80~100℃加热再干燥后的干姜，其姜烯酚含量可增加10倍达0.1%。

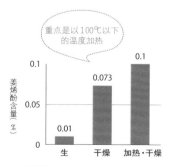

重点是以100℃以下的温度加热

姜烯酚含量（%）

	生	干燥	加热·干燥
	0.01	0.073	0.1

石原老师查证
参考：日本药局方《医学专业学生的汉方医药学》

和蒸姜具有同样效果的80℃姜是什么?

能轻松增加具有祛寒效果的姜烯酚,其方法就是80℃姜。

● 80℃姜到底是什么?

和蒸姜一样具有超强祛寒效果的就是80℃姜。
若姜烯酚加热超过170℃,会转化为其他成分,因此,约80℃的温度最恰当。
根据实验结果显示,只要维持适当温度加热5

分钟,姜烯酚也会增加1.5倍。不沸腾的前提下加热约3小时,让姜烯酚活化至最大限度的就是80℃姜。

● 用焖烧罐维持80℃,3小时后就能做出健康的姜食料理!

制作80℃姜的秘诀就是使用焖烧罐。早上放入生姜后注入热水,维持在适当温度3小时,到了中午,充满姜烯酚的美味姜汤就完成了。

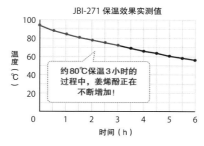

JBI-271 保温效果实测值

约80℃保温3小时的过程中,姜烯酚正在不断增加!

温度(℃)

时间(h)

95℃开始

感觉温度:20℃

＊测定时的容量是内盖下端以下的汤量(约250ml)。实际测量值和包装标示值(性能保证值)不同。

选择焖烧罐的5个理由

能让身体温热的一石二鸟之计

药膳最主要的目的是让身体不感到寒冷,因此,就算是夏天也要喝称为汤的热饮。若在汤里加入姜料,就可以达到双重的祛寒效果。

只要加入姜片就OK了!

制作蒸姜可能需要花费额外的时间,而80℃姜只要将生姜切片后放入焖烧罐里,注入热水就可以,简单方便。

因为程序简单,所以容易持续,可逐渐改善寒冷体质

汉方中的干姜,是改善慢性虚寒体质的王牌药食。对于想从根本上改善体质的人来说,程序简单能每日持续才是重要的。

能完整摄取各种食材的营养

焖烧罐的好处在于能完整吸收一起放入的食材营养。吃光含有丰富姜烯酚的姜吧!

因为食谱丰富,所以百吃不厌

本书收录的食谱即使在忙碌的早晨也能快速完成。能充分享受西式、日式、中式等多种异国风的姜食料理。

摄取80℃姜能提升体温，改善身体不适

若能养成食用80℃姜的习惯，就能改善因寒冷所造成的各种身体不适。

🕐 身体寒冷造成的3大坏处

因身体寒冷所造成的3大坏处是①血流恶化②免疫力降低③代谢降低。因寒冷而导致血流能力下降，为了极力摄取热量而造成血管收缩、血流停滞，营养及氧气无法送达全身细胞，老废物质也无法顺利排出。因内脏的血流降低引起便秘或生理不顺等病症。此外，若体温下降1℃，免疫力约下降30%，代谢率约降低12%，容易引起花粉症等过敏性疾病及糖尿病等代谢异常疾病。

🕐 80℃姜能改善的身体不适症状

若能养成食用80℃姜食的习惯，可以改善下列多种身体不适。

症状	80℃姜有效的理由	效果加分的食材
虚寒	姜烯酚燃烧体内的脂肪和糖分而产生热量，能从根本上消除寒冷	肉或蛋、辣椒等香料类、味噌等发酵食品
肥胖	除了具有燃烧脂肪及糖分的自然减肥效果之外，也具有消除水肿的作用	小黄瓜等瓜科蔬菜的利尿作用，对改善水肿也很有效
肌肤粗糙	通过促进血液循环，活化汗腺、皮脂腺的作用，有利于排出肌肤老废角质	含有丰富抗氧化成分的番茄、胡萝卜等能有效击退斑点及皱纹
便秘	因为虚寒导致肠道作用迟缓所引起的便秘现象，可在体温上升后，实现肠道正常蠕动，消除便秘现象	食物纤维丰富的牛蒡等根菜类、裙带菜等海藻类
肩颈僵硬	因血液循环不良而导致肌肉僵硬的肩颈，也会因为体温上升而改善血流状况	肉类或红肉鱼、海藻类、牛蒡、胡萝卜、南瓜等阳性食品
生理不顺	可减轻因虚寒所造成的子宫、卵巢损伤，改善生理不顺及生理痛	可活化子宫或卵巢作用的西芹等芹科蔬菜
更年期障碍	改善虚寒症状、提高卵巢功能、减轻更年期特有的头晕目眩及火气大等症状	含有类似女性荷尔蒙功能的大豆异黄酮成分的大豆食品
免疫力降低	人体的免疫力有7成集中在肠道，肠道暖和之后，免疫力也会日渐活化	番茄、胡萝卜、花椰菜等抗氧化力高的蔬菜
忧郁	体温上升后，血管扩张，精神也会随之放松。气血循环况良好会改善焦虑现象	咖喱粉、肉桂等香料或香气浓烈的蔬菜类
高血压	血管扩张后，血液循环顺畅，能让血压降低	除了洋葱之外，有助于排出水分的小黄瓜、竹笋、红豆等
体脂异常症	80℃姜能让胆汁流动顺畅，具有降低胆固醇的作用	能降低胆固醇的鲣鱼或鲔鱼、大豆食品等
糖尿病	代谢率提升能将血中的糖分转化为能量	具有降血糖作用的洋葱、蒜头、蘑菇
老化现象	血流恶化容易造成易发活性氧的环境。改善血液循环是抗老化的快捷方式	番茄、小松菜、青椒等高抗氧化力食物是冻龄的王牌
血液浓稠	汉方医学称为瘀血的状态。代谢率提升对于排出血液中的废物非常有效	沙丁鱼、鲹鱼等青鱼含有丰富的EPA，具有预防血小板凝固的作用

新菜医生对80℃姜的建议

石原医生非常推崇80℃姜食法，并详细说明摄取时间、分量、食用方法等。

午餐时间食用是诀窍

姜烯酚增加中！

早上准备好的生姜，姜辣素到了中午正好转化为姜烯酚成分，最适合食用。

请在一天中身体状况最活跃的中午时间，提升体温，补充能量吧！此外，想要在冷气房的工作环境中温热寒冷的身体，午餐的80℃姜食法最为理想。

在刀工上花点心思，把姜全部吃光吧！

80℃姜的精华，表面积越大萃取量越大。汤汁中满满的姜烯酚自不在话下，姜也含有丰富的食物纤维等，在刀工上下点功夫，全都吃光吧！

约拇指大小的分量即可

若以改善寒性体质为目标，一天约需要姜量30g。一餐10g正好是拇指大小的分量。因为姜具有健胃整肠的效果，吃多了也不用担心，是美国食品医药局认定吃多也没有危险的食物。

拇指大小约10g

做成汤品食用，其他的阴性食品也能转变为阳性食品

东方医学中将食物按照其颜色、性质、原产地，区分为阴性和阳性。全部摄取阴性食物会导致身体性寒，代谢能力降低。最好和阳性食物搭配组合，做成热乎乎的汤品后食用吧！

阳性食品	主要食物
特征 •红•黑•橙色食品 •水分少且坚硬者 •产自北方的食物	红肉鱼•虾蟹等鱼贝类、红肉、胡萝卜、南瓜、牛蒡、洋葱、羊栖菜•海苔等海藻类、黑面包、玄米、荞麦面、红茶、煎茶、海带茶、味噌、酱油、黑砂糖

阴性食品	主要食物
特征 •青•白•绿•蓝色食品 •饱含水分且柔软者 •产自南方的食物	牛奶、豆乳、豆腐、白肉鱼、多油花的肉、白米、白面包、乌龙面、白萝卜、豆芽、叶菜类蔬菜、小黄瓜、西兰花、茄子、绿茶、蛋黄酱、鲜奶油、白砂糖

不适合80℃姜食法的人
平常很容易流汗或体质燥热的人不适合80℃姜食法。此外，若有39℃以上的高烧或脱水症状、脉搏过快(1分钟90次以上)等情况时，最好谨慎使用。

出处：摘自《远离医生的食物手帖》石原新菜著（三才图书）

实践篇 首先，从食材和基本道具着手

从准备材料和调理器具开始。请熟记焖烧罐的使用方法和分量。

80℃姜食法最适合的种类和准备工作

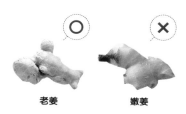

○　　　　×

老姜　　　嫩姜

选择老姜为重点

姜虽然因为品种或个体差异在辣度和味道上有所不同，但比起刚采收不久的嫩姜，采收后经过贮藏，成分变得较浓的老姜更适合80℃姜食法。

依食谱选择刀法

焖烧罐的优点就是调理后的姜全部都能食用。清脆口感的切丝状、混合捏成肉丸的切碎末状、做成饮品的切泥状等，不同的切法能享受不同的口感。

切片　　切丝　　切碎　　磨泥

目测分量和省时的诀窍

• 拇指大小的姜块为一餐份

一餐份的姜量，约拇指大小10g。剩余的姜用湿润的报纸包好后，放进塑料袋中，保存于阴凉暗处或冰箱的蔬果室。

• 分成小份冷冻可节省时间

姜等使用频率较高的食材，一份(10g)切好后，用保鲜膜包覆后放置于冷冻室，这样能缩短早晨的准备时间。

学习焖烧罐的使用方法吧！

这次使用的焖烧罐是膳魔师270ml型

本书食谱所使用的是270ml的膳魔师焖烧罐"真空断热食物罐JBI-271"（容量270ml）

维持保温效果的调理重点

为了维持保温效果，一定要先使用热水进行预热。旋紧盖子预热2分钟以上。
根菜类等较硬的食物或肉类等生鲜食物，要先切成容易熟的大小，加热后再放入焖烧罐中。同时，为了保持温度，一直到食用之前都不要打开盖子。

中午食用之时，早已充满姜的精华

本书介绍的80℃姜食法是在早上装好食材，为4~5个小时后食用而设定。在3个小时慢慢保温的过程中，已变成充满丰富姜烯酚的健康汤品。

380ml　250ml

不同容量的焖烧罐换算表

使用尺寸不同的焖烧罐时，可大致以右方的换算表来调整材料、调味料、水量。

270ml为1的情况

250ml	▶ 约0.9倍
300ml	▶ 约1.1倍
380ml	▶ 约1.4倍

🌀 80℃姜食法兼容性佳的食材

香料蔬菜

能作为佐料或为汤头增添风味的不可缺少的香料蔬菜，含有丰富的健康成分。

洋葱
最适合中式汤头的万能帮手。

茗荷
能增进食欲及抗老化的佐料。

欧芹
含有丰富维生素C。

西芹
增添汤头滋味的最佳帮手。

海味

虾、贝、海带等鱼贝、海藻类是汉方阳性食品的代表，提升体温的妙方。

樱花虾
风味绝佳的常备食材。

干贝柱
能释放出美味的营养食材。

海带茶
增添风味及美味的利器。

盐海带
水溶性食物纤维及丰富矿物质的宝库。

香料

发挥香料作用的汤头，最适合祛寒及温度、湿度较高的季节。

咖喱粉
很适合西式或异国风味。

肉桂粉
具有引发其他食材甜味的效果。

小茴香
对促进消化及解毒有良好功效。

辣椒粉
以温和的辛辣感为特征。

其他

不仅能增加汤头的分量及美味，也很适合增加浓稠度。

米
在焖烧罐里加热调理，做成粥品也很简单。

大麦
能抑制血糖上升而备受关注的食材。

细冬粉
只要放进焖烧罐即可的便利食材。

土豆泥
非常适合用于汤头勾芡。

🌀 善用调理器具，缩短早晨的调理时间

事先准备的必需品

只要利用去皮的削皮机、剪叶菜类蔬菜的厨房专用剪刀，就不需使用砧板。制作姜泥或蔬菜泥的磨泥器具、削成薄片的削刀等都很重要。

正确地计算重量

测量调味料等重量时，使用1ml或5ml的计量杯较为方便。带把手的耐热计量杯，可测量液体，也可测量加热后的食材分量。

推荐使用的方便道具

仅滤出汤头、不让食材溢出的滤网，建议尺寸比焖烧罐的开口更宽为宜。
汤勺或牛奶锅选择容易注入的带嘴型较佳。

焖烧罐的使用方式有2种！

焖烧罐的使用方式一般有以下2种。

基本使用方式 1

将事先准备好的食材放进焖烧罐时

不易熟的根菜类或肉类等生鲜食材、乳制品等，请先用瓦斯炉或电磁炉稍微加热调理后，再放入焖烧罐里。这样可以预防腐坏，处理后再放入焖烧罐里进行焖烧保温。

1 在焖烧罐里注入热水

为了提高保温效果，先将热水注入焖烧罐中满水位的位置。

2 旋紧盖子预热（保温）

安装内盖后，旋紧。焖2分钟以上，在调理食材之前持续保温。

3 加热食材

在小尺寸牛奶锅里加入水（会成为食材汤汁），将食材加热，调味后熄火。

使用微波炉时

先放进耐热容器里，轻轻地覆盖保鲜膜，再进行加热。

牛奶等乳制品，倒入耐热容器后用微波炉加热。

4 倒掉焖烧罐里预热的水

倒掉在步骤2时，注入焖烧罐里预热的热水。

5 将食材倒入焖烧罐里

A 食材较大时，使用带嘴的汤勺方便。
B 如果没有汤勺，可以直接注入，注意不要让食材溢出。

6 旋紧盖子4~5小时后即可食用

将盖子旋紧，一直到食用之前都不要打开。

基本使用方式 2

将食材直接放入焖烧罐里制作汤头

叶菜类、火腿、金枪鱼等加工品或干燥食材等，和未经加热处理也能安心食用的食材搭配组合时，可直接将食材放入焖烧罐里滤掉汤汁，再加入调味料、热水，然后用焖烧罐进行保温调理。

1 将食材放入焖烧罐

将切好的食材放入焖烧罐里。

2 在焖烧罐里注入热水

注入热水并盖过食材（焖烧罐内侧线条的位置，请参照P.14"基本构造和各部分功能"）。

3 盖上盖子保温

安装好内盖后，旋紧盖子。

4 两分钟后将水滤出

（过滤）

利用滤网就不用担心食材溢出，很轻松就能将热水滤出。

5 添加调味料调味

滤掉热水后，添加汤底或调味料。

6 稍微搅拌

为了让味道均匀，可以用筷子等工具稍微搅拌食材。

7 注入热水

注入热水并盖过食材（至焖烧罐内侧线条的位置）。

8 旋紧盖子4~5小时后即可食用

将盖子旋紧，一直到食用之前都不要打开。

重点

○ 为了让早晨时间更充裕，前一晚先将食材切好会更方便。

○ 为了让食材更容易熟，食材大小尽量平均，一定要滤掉热水后再进行保温调理。

○ 过滤热水时要小心烫伤。

13

了解焖烧罐的基本信息吧！

请遵守焖烧罐的使用规则，充分活用于每天的调理工作。

🥄 基本构造和各部分功能

外盖

打开时以逆时针方向旋转，盖紧时以顺时针方向旋转。

主体

和保温瓶相同的不锈钢真空双层构造。为了方便使用特别采用宽口设计。

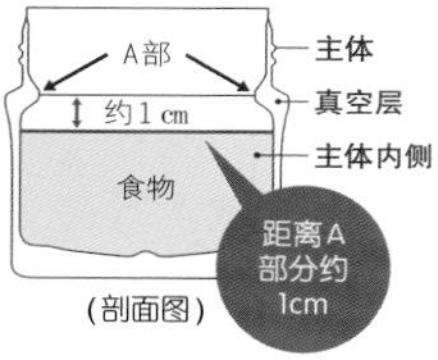

内盖

内盖可以提高保温效果，为了让汤汁不易漏出且容易打开，拥有2片能自由移动的密闭构造。

A部 —— 主体
约1cm —— 真空层
食物 —— 主体内侧
距离A部分约1cm

（剖面图）

使用注意事项

○ 使用后立刻清洗晾干。内盖和外盖可以利用洗碗机清洗，主体则不要放进洗碗机内清洗。

○ 焖烧罐中不可放入干冰、碳酸饮料、生鲜物、冰沙等物质。

○ 焖烧罐请勿加热，勿靠近炉火等，以免变形或变色。

○ 避免直接用微波炉加热食材，将食材放进耐热容器后再用微波炉加热。此外，焖烧罐也不可放进冷冻室。

🥄 必须遵守的4个规定

❶ 使用前必须用热水预热

为了维持焖烧罐的保温效果，罐子主体或食材请用热水预热2分钟以上（详细请参照P.12~P.13）。

❷ 生鲜食物或乳制品一定要加热

肉或鱼贝类等生鲜食物、牛奶或豆浆等乳制品，为了避免腐坏，一定要加热后再放进焖烧罐里。

❸ 严守指定容量

放入的食量到内侧的线条为止（上图的红线），切勿超过指定量。

❹ 6小时以内吃完

虽然本书食谱内的汤品都是4~5个小时后食用，但为避免食物腐坏，一定要在6个小时内一次吃完，饮品也是如此。

本书的使用方法

食谱标示的原则

○ 材料为一人份。但是，P.92~P.93则以容易制作的分量标记。

○ 1大匙为15ml、1小匙为5ml、1杯则为量杯的200ml。

○ 没有特别标示时，火候为中火。

○ 没有标示蔬菜"清洗""削皮""去蘑菇根"等做法。

○ 不仅是味道，也希望能根据每天身体的状况来选择食谱，所以在Part1、Part3中另附"不同症状的9个指标"。此外，也在Part2中针对各种症状提出良方，作为改善体质的参考。

其他

○ 本书食谱中所使用的是膳魔师"真空断热食物罐JBI-271"（容量270ml）。若使用其他厂牌时，请参考P.10的换算表，按照使用说明书正确使用。此外，若分量减少，可能也会降低保温效果，食材分量增加也可能导致无法调理。

○ 根据食材大小或调理器具不同，有时完成量会超出焖烧罐内侧线。此时，食材不要超出内侧线条以上，建议将多余的汤先喝掉些（本书因拍照所需，有时汤料会多加一些）。

○ 预热焖烧罐的热水不包含在食材内。此外，因为没有标示滤掉的热水分量，食材装入到焖烧罐内的线条为止。料理时也会使用热水，准备500ml较为方便。处理热水时一定要小心烫伤。

○ 微波炉加热时间是以600W为主。会因为厂牌或机种而有所不同，请视实际情况增减。

80℃姜食法让你每天充满元气
食材丰富的每日汤品

利用祛寒效果超强的80℃姜食法来提升体温，让身体由内而外暖和起来，让你充满元气和能量。
因为所有汤食都标示着对应的症状，请从西式、日式、中式·异国风3种风味中选出适合自己身体状况的汤食吧！加入饱足感超强的米饭或大麦、意大利面做成"汤饭"，是减肥的最强利器！

增加女性魅力　提高免疫力　消除疲劳

姜一餐份
粗末状

加了姜更温暖！王道奶油浓汤

食材丰富的蛤蜊巧达汤

材料

姜 … 1餐份 ▶ 切成粗末状

蛤蜊罐头（水煮）… 30g

土豆 … 1/4个（30g）▶ 切成8mm丁状

胡萝卜 … 1/6个（20g）▶ 切成8mm丁状

节瓜 … 20g ▶ 切成8mm丁状

香菇 … 1个 ▶ 切成8mm丁状

洋葱 … 1/10个（20g）▶ 切成粗末状

A ∥ 牛奶… 2/3 杯
∥ 土豆泥 … 1 大匙

B ∥ 颗粒状高汤 … 1/2 小匙
∥ 盐、胡椒 … 各少许

热水 … 适量

做法

1 预热食材和焖烧罐

将A、B以外的食材加入焖烧罐里，注入热水盖过食材后旋紧盖子预热。

2 微波炉加热

将A的土豆泥放入耐热容器里，加入牛奶使其慢慢化开，再加入B搅拌混合。轻轻地覆盖保鲜膜，放进微波炉中加热1分30秒。

3 滤过热汁 & 注入热水

2分钟将1的盖子打开，用滤网将热汁过滤掉，避免食材溢出。再依序将2、热水注入至焖烧罐内侧线条的位置后稍微搅拌，最后旋紧盖子即可。

消除眼部疲劳　增加女性魅力　提高免疫力　控制食欲

姜一餐份
薄片状

番茄酸味 & 奶油味，口感极佳的营养浓汤

鲑鱼番茄奶油炖汤

材料

姜 … 1餐份 ▶ 薄片状

鲑鱼罐头（水煮）… 1/2 小罐（50g）

圆白菜 … 1/2 片（30g）▶ 切成小片状

番茄罐头 … 1/4 杯

牛奶 … 1/3 杯

鲜奶油 … 1 大匙（可以牛奶替代）

洋葱 … 1/8个（20g）▶ 切成碎末状

蘑菇 … 2个 ▶ 薄片

绿豌豆（冷冻）… 1 大匙（10g）

蜂蜜 … 1 小匙

橄榄油 … 1 小匙

颗粒状高汤 … 1/2 小匙

盐、胡椒 … 各少许

做法

1 预热

在焖烧罐里注入热水，旋紧盖子预热。

2 煮

在锅子里倒入橄榄油加热，放入洋葱和蘑菇热炒，再加入番茄和蜂蜜、颗粒状高汤、鲑鱼、绿豌豆、圆白菜，稍微煮一下再加入牛奶、鲜奶油、姜片煮滚，最后加入盐、胡椒调味。

3 放入焖烧罐

倒掉焖烧罐中1预热的热水，将2放进去后旋紧盖子即可。

196
kcal

食材丰富的蛤蜊巧达汤

283
kcal

鲑鱼番茄奶油炖汤

238 kcal

增加女性魅力　消除宿醉　提高免疫力

姜一餐份

泥状

南瓜浓汤也能加入姜和起司提升浓郁度

南瓜起司浓汤

材料

南瓜 … 切成4份的 1/4个（90g）
▶ 切成一口大小

牛奶 … 3/4 杯

A
　　奶油起司 … 1个（10g）
　　颗粒状高汤… 1/2 小匙
　　蜂蜜 … 1/2 小匙
　　姜 … 1餐份 ▶ 磨成泥状

欧芹（切碎）… 适量

做法

1 预热

在焖烧罐里注入热水，旋紧盖子预热。

2 微波炉加热

将南瓜和2小匙的水（分量以外）放入较大的耐热容器里混合，轻轻覆盖保鲜膜，放进微波炉中加热2分钟。用发泡器等工具捣碎，加入A的材料再次捣碎混合，一点一点加入牛奶稀释，最后放进微波炉中加热1分20秒～30秒。

3 放入焖烧罐

倒掉焖烧罐中1预热的热水，将2、欧芹放入后旋紧盖子即可。

增加女性魅力　消除疲劳　改善便秘　预防感冒

饱含汤头精华的魔芋丝意大利风健康浓汤

香菇奶油意大利风浓汤

姜一餐份

碎末状

材料

姜 … 1餐份 ▶碎末状

魔芋丝 …100g

香菇 … 1个(切薄片)

金针菇 … 20g

　　▶切半

培根 … 1片 ▶切成1cm宽

西兰花 … 20g ▶分成小朵

白酱 … 70g

颗粒状高汤 … 1/3 小匙

盐、胡椒 … 各少许

做法

1 预热 & 微波炉加热

在焖烧罐里注入热水，旋紧盖子预热。魔芋丝切成容易入口的长度，放进耐热容器里加热1分钟去除味道。

2 煮

热锅后加入培根煎熟，再放入白酱、1的魔芋丝和其他材料混合煮开，再加入盐、胡椒调味。

3 放入焖烧罐

倒掉焖烧罐中1预热的热水，将2放入后旋紧盖子即可。

188
kcal

189 kcal

姜一餐份

粗碎末状

恢复精神　增加女性魅力　改善头痛　预防感冒　汤饭

在多种蔬菜中加入食物纤维丰富的大麦，口感满分

大麦意式蔬菜浓汤

材料

姜 … 1餐份 ▶切成粗碎末状

大麦 … 1大匙

蒜头 … 1/2 瓣 ▶切成碎末状

西芹 … 20g ▶切成1cm丁状

胡萝卜 … 1/6根(20g) ▶切成1cm丁状

洋葱 … 1/8个(20g) ▶切成1cm丁状

A
｜西兰花 … 20g ▶分成小朵状
｜香菇 … 1个 ▶切成1cm丁状
｜番茄汁 … 3/4 杯
｜砂糖 … 1小匙
｜颗粒状高汤 … 1小匙

橄榄油 … 1小匙

盐、胡椒…各少许

做法

1 预热

在焖烧罐里注入热水，旋紧盖子预热。

2 煮

锅子里倒入橄榄油加热，加入姜、蒜头、西芹、胡萝卜、洋葱拌炒至出现光泽，再加入A拌炒混合均匀，煮沸后加入盐、胡椒调味。

3 放入焖烧罐

倒掉焖烧罐中1预热的热水，将2、大麦、1大匙起司粉加入混合，最后旋紧盖子即可。

姜一餐份

碎末状

增加女性魅力　提高免疫力　消除疲劳

以茄子和橄榄油为主角的意式传统料理浓汤

西西里炖菜汤

材料

姜 … 1餐份 ▶碎末状

茄子 … 1/2个（30g）▶切成1cm丁状

节瓜 … 1/4根（30g）▶切成1cm丁状

肉肠 … 2根（30g）▶切成1cm丁状

杏鲍菇 … 1 小根（30g）▶切成1cm丁状

洋葱 … 1/8个（20g）▶切成1cm丁状

蒜泥 … 1/3 小匙

A
番茄罐头 … 1/3 杯
水 … 1/3 杯
砂糖 … 1/2小匙
颗粒状高汤 … 1/2小匙

橄榄油 … 1 小匙

盐、胡椒 … 各少许

起司粉 … 2小匙

做法

1 预热

在焖烧罐里注入热水，旋紧盖子预热。

2 煮

锅子里倒入橄榄油加热，加入蒜头、洋葱、姜用小火拌炒至散发香气。加入蔬菜和肉肠、杏鲍菇后拌炒，再加入A煮开，最后加入盐、胡椒调味。

3 放入焖烧罐

倒掉焖烧罐中1预热的热水，依序将2、起司粉放入，旋紧盖子即可。

205 kcal

姜一餐份

薄片状

消除疲劳　增加女性魅力　预防感冒　提高免疫力

使用营养价值高的马赛鱼或鲭鱼就能轻松完成

鲭鱼罐头马赛鱼风浓汤

材料

姜 … 1餐份 ▶ 薄片状

鲭鱼罐头(水煮) … 1/3罐(60g)

番茄 … 1/4个(40g) ▶ 切细块状

洋葱 …$^1/_{16}$个(10g) ▶ 切薄片状

杏鲍菇…小根(30g)

　　　▶ 纵横切成4等份

西兰花 … 20g ▶ 分成小朵状

咖喱粉 … 1/3 小匙

月桂叶…1 片

橄榄油…1 小匙

盐、胡椒…各少许

水 … 1/2 杯

做法

1 预热

在焖烧罐里注入热水，旋紧盖子预热。

2 煮

锅子里倒入橄榄油加热，再加入洋葱炒软，加入番茄、咖喱粉、杏鲍菇稍微拌炒。再加入鲭鱼、姜、西兰花、肉桂叶、水煮开，最后加入盐、胡椒调味。

3 放入焖烧罐

倒掉焖烧罐中1预热的热水，放入2后旋紧盖子即可。

181 kcal

68
kcal

姜一餐份
薄片状

提高免疫力　改善便秘　消除疲劳

享用番茄、绿芦笋等大地恩赐的美味

农场炖汤

材料

姜 … 1餐份 ▶薄片状

番茄 … 1/2个(70g)
　▶切成1cm厚的瓣状

绿芦笋 … 1根(15g)
　▶切成1.5cm的长度

玉蕈 … 20g ▶分成小朵状

A｜颗粒状高汤 … 1小匙
　｜盐、胡椒 … 各少许
　｜热水 … 2/3 杯
　｜鹌鹑蛋 … 2颗

做法

1 预热食材和焖烧罐

将A以外的材料加入焖烧罐里，注入热水盖过食材，旋紧盖子预热。

2 微波炉加热

将高汤放入耐热容器里，加入盐、胡椒和打散的鹌鹑蛋，轻轻地覆盖保鲜膜，放进微波炉中加热1分10秒~20秒。

3 滤过热汁 & 注入热水

2分钟后将1的盖子打开，用滤网将热汁过滤掉，避免食材溢出。将2装至焖烧罐内侧线条的位置稍微搅拌，旋紧盖子即可。

23

94 kcal

姜一餐份
半月状

消除疲劳　增加女性魅力　预防感冒

抗氧化蔬菜和香草是最佳搭档

香草蔬菜浓汤

小贴士
若无新鲜迷迭香，也可使用干燥迷迭香。

材料

姜…1餐份 ▶半月状
肉肠 …1根(20g)
　▶斜切2~3等份
芜菁 … 1/2个(40g) ▶切成6等份瓣状
洋葱 … 1/8个(20g) ▶切薄片
甜椒(红色)… 1/6个(20g) ▶切细

A｜迷迭香 … 1支
　｜奥勒冈(干燥)… 1/2小匙
　｜香草盐 … 1/2小匙
　｜颗粒状高汤 … 1/3小匙

热水 … 适量

做法

1 预热食材和焖烧罐

将A以外的材料加入焖烧罐里，注入热水盖过食材，旋紧盖子预热。

2 滤过热汁 & 注入热水

2分钟后将1的盖子打开，用滤网将热汁过滤掉，避免食材溢出。再依序注入A、热水至焖烧罐内侧线条的位置后稍微搅拌，最后旋紧盖子即可。

控制食欲　增加女性魅力　改善便秘　消除疲劳

姜一餐份
1cm丁状

满满的绿黄色蔬菜浓汤
能补充蔬菜摄取不足

绿色蔬菜培根高汤

119
kcal

材料

姜 … 1餐份 ▶切1cm丁状

圆白菜 … 1 片（50g）▶切成1cm丁状

西兰花 … 30g ▶分成小朵状

菜豆荚 … 2根（20g）

　▶切成1cm宽

培根 … 1 片▶切细

A ‖ 颗粒状高汤 … 1 小匙
　　 盐 … 少许

粗粒黑胡椒 … 适量

热水 … 适量

做法

1. 将A和调味料以外的材料加入焖烧罐里，注入热水盖过食材，旋紧盖子预热。

2. 2分钟后将1的盖子打开，用滤网将热汁过滤掉，避免食材溢出。再加入A、胡椒、热水至焖烧罐内侧线条的位置后稍微搅拌，最后旋紧盖子即可。

控制食欲　改善便秘　增加女性魅力　消除疲劳

姜一餐份
薄片状

圆白菜的口感和起司的滑润感
是绝妙的搭配

起司卷圆白菜汤

152
kcal

材料

姜 … 1餐份 ▶薄片状

圆白菜 … 1 片（50g）

卡芒贝尔起司 … 1/6个（30g）

A ‖ 火腿 … 1 片（15g）▶切细
　　 甜椒（黄色）… 1/6个（20g）▶切细

B ‖ 颗粒状高汤 … 1 小匙
　　 盐、胡椒 … 各少许

热水 … 适量

做法

1. 将圆白菜叶洗过，放进耐热容器里。用保鲜膜轻轻覆盖，放进微波炉加热1分钟。取出后削下厚轴将其切细，展开菜叶片包卷起司。

2. 将姜、A、1加入焖烧罐里，注入热水盖过食材，旋紧盖子预热。

3. 2分钟后将1的盖子打开，用滤网将热汁过滤掉，避免食材溢出。依序加入B、热水后稍微搅拌，最后旋紧盖子即可。

96 kcal

姜一餐份

切丝状

提高免疫力　增加女性魅力　消除头痛　消除疲劳

80℃细细调理的柔软章鱼味道绝美

章鱼综合豆类香蒜汤

材料

姜 … 1餐份 ▶ 切丝状

水煮章鱼 … 30g ▶ 切薄片

综合豆类 … 30g

西芹 … 20g ▶ 切细

圆白菜 … 1/2个（30g）

　▶ 切小块状

A ┃ 颗粒状高汤 … 1/3小匙
　┃ 香蒜酱（市面有售）… 2小匙
　┃ 盐、胡椒 … 各少许

热水 … 适量

做法

1 预热食材和焖烧罐

将A以外的材料加入焖烧罐里，注入热水盖过食材，旋紧盖子预热。

2 滤过热汁 & 注入热水

2分钟后将1的盖子打开，用滤网抵住避免食材溢出，将热汁过滤掉。再依序注入A、热水至焖烧罐内侧线条的位置后稍微搅拌，最后旋紧盖子即可。

饱含蛤蜊美味的烩饭和红辣椒丝是绝配

蛤蜊烩饭

姜一餐份
粗碎末状

材料

姜 … 1餐份 ▶粗碎末状

蛤蜊罐头（水煮） … 1/3罐（40g）

米 … 3大匙

绿芦笋 … 1根（15g）▶切成1cm长

蘑菇 … 2个 ▶切薄片

红辣椒 … 1/3根 ▶轮状切

A ‖ 颗粒状高汤 … 1小匙
　　水（蛤蜊罐头汁和水混合） … 2/3杯

橄榄油 … 1小匙

帕马森起司 … 1大匙

盐、胡椒 … 各少许

做法

1 预热

在焖烧罐里注入热水，旋紧盖子预热。

2 煮

将橄榄油、红辣椒放入锅子里加热，加入米、姜稍微拌炒，再加入蛤蜊、A、芦笋、蘑菇煮开，最后加入帕马森起司、盐、胡椒调味，一边混合一边煮1分钟。

3 放入焖烧罐

倒掉焖烧罐中1预热的热水，将2放入后旋紧盖子即可。

247
kcal

提高免疫力　消除疲劳　增加女性魅力　汤饭

加入不同颜色的甜椒、青椒、香虾后，成为色香味俱全的绝品

色彩缤纷咖喱燕麦烩饭

姜一餐份
粗碎末状

材料

姜 ··· 1餐份 ▶ 粗碎末状

燕麦 ··· 2大匙

虾(去壳) ··· 2只(30g)

　▶ 去壳、去沙肠后切半

甜椒(红·黄) ··· 各1/6个(20g) ▶ 切成1cm丁状

青椒 ··· 1/2个(20g) ▶ 切成1cm丁状

茄子 ··· 1/2个(30g) ▶ 切成1cm丁状

A ┤ 咖喱粉 ··· 1/2小匙
　 番茄酱 ··· 一匙半大匙
　 颗粒状高汤 ··· 1小匙
　 水 ··· 1/2杯

橄榄油···1小匙

盐、胡椒···各少许

做法

1 预热

在焖烧罐里注入热水，旋紧盖子预热。

2 煮

锅子里倒入橄榄油加热后加入虾、甜椒、青椒、茄子、姜稍微拌炒，再加入燕麦、A煮开，最后加入盐、胡椒调味。

3 放入焖烧罐

倒掉焖烧罐中1预热的热水，将2放入后旋紧盖子即可。

298
kcal

小贴士

带汤汁的通心面可做
午餐食用。

姜一餐份

薄片状

消除疲劳　增加女性魅力　消除宿醉　改善便秘　汤饭

牛肉烩酱和鸡肉充分满足你的味蕾

牛肉烩酱通心面

材料

姜 … 1餐份 ▶薄片状

通心面 … 20g

牛肉烩酱 … 70g

鸡腿肉 … 40g ▶切成1cm丁状

洋葱 … $\frac{1}{16}$个（10g）▶切碎末状

玉蕈 … 30g ▶分成小朵状

毛豆 … 30g

橄榄油 … 1/2小匙

盐、胡椒…各少许

水…1/3杯

做法

1 预热

在焖烧罐里注入热水，旋紧盖子预热。

2 煮

锅子里倒入橄榄油后拌炒洋葱至出味，加入鸡
肉再拌炒。加入通心面之外的所有材料将其煮
开，最后加入盐、胡椒调味。

3 放入焖烧罐

倒掉焖烧罐中1预热的热水，再将通心面、2放
入后稍微搅拌，旋紧盖子即可。

增加女性魅力　提高免疫力　改善便秘

包裹鸡绞肉和樱花虾，外型优雅的豆皮包

茶巾豆腐盐海带汤

材料

姜 … 1餐份 ▶薄片状

茶巾豆腐

| 木棉豆腐 … 1/6块(50g)
| 鸡胸绞肉 … 30g
| 樱花虾 … 3g
| 葱 … 1支(10g) ▶切细
| 太白粉 … 1小匙
| 盐 … 少许

盐海带 … 8g ▶切丝状

水菜 … 10g ▶切成2cm长

热水 … 适量

做法

1 预热食材和焖烧罐

在焖烧罐里加入姜，注入热水盖过食材后旋紧盖子预热。

2 微波炉加热

将豆腐放进搅拌盆里捣碎，加入鸡胸绞肉混合搅拌，加入茶巾豆腐的其他材料再次混合。展开保鲜膜，将所有材料扭转成茶巾状，放入小型耐热容器，再将容器放进微波炉里加热1分20秒。

3 滤过热汁 & 注入热水

2分钟后将1的盖子打开，用滤网抵住避免食材溢出，将热汁过滤掉，再依序将2、盐海带、水菜、热水装至焖烧罐内侧线条的位置，最后旋紧盖子即可。

预防感冒　增加女性魅力　消除疲劳

芜菁、白味噌、豆乳…都是对治疗肠胃性寒十分有效的食材

樱花虾芜菁和风豆乳奶油汤

材料

姜 … 1餐份 ▶薄片状

樱花虾 … 3g

芜菁 … 1小个(60g)
　　▶切成8等份瓣状

土豆泥 … 1大匙

非调味豆乳 … 2/3杯

玉蕈 … 20g ▶分成小朵状

白味噌 … 1大匙

盐、胡椒 … 各少许

芜菁叶 … 少许 切碎状

水 … 1/4杯

做法

1 预热

在焖烧罐里注入热水，旋紧盖子预热。

2 煮

锅子里加入土豆泥和水充分混合，再加入樱花虾、芜菁、豆乳、玉蕈、姜加热。煮开后加入白味噌，化开后再加入盐、胡椒调味。

3 放入焖烧罐

倒掉焖烧罐中1预热的热水，再放入2、芜菁，旋紧盖子即可。

107
kcal

茶巾豆腐盐海带汤

134
kcal

樱花虾芜菁和风
豆浆奶油浓汤

THERMOS

改善便秘　控制食欲　提高免疫力　消除宿醉

姜一餐份

碎末状

秋葵、长蒴黄麻、海蕴可以改善肠道环境

黏乎乎浓汤

材料

姜 … 1餐份 ▶碎末状

秋葵 … 2根(20g) ▶斜切3等份

长蒴黄麻 … 30g ▶粗切

醋渍海蕴 … 1包(70g)

A

和风酱汁 … 1小匙

芝麻油…1/3小匙

水 … 3/4杯

做法

1 预热食材和焖烧罐

在焖烧罐里加入秋葵和长蒴黄麻，注入热水并盖过食材，旋紧盖子预热。

2 微波炉加热

将醋渍海蕴连同汤汁一起放进耐热容器里，和A混合后轻轻地覆盖保鲜膜，再放进微波炉里加热1分30秒。

3 过滤 & 放入焖烧罐

2分钟后将1的盖子打开，用滤网抵住避免食材溢出，将热汁过滤掉，再依序将姜、2装至焖烧罐内侧线条的位置稍微搅拌，最后旋紧盖子即可。

61
kcal

83
kcal

提高免疫力 增加女性魅力 消除疲劳

姜一餐份

薄片状

鱼轮、白萝卜、海带结让午餐丰富多样

关东煮美味汤

材料

姜 ⋯ **1餐份** ▶薄片状

白萝卜 ⋯ 1.5cm(30g)
　▶切成7~8mm的半月形

鱼轮 ⋯ 1小根(20g) ▶对半斜切

海带结 ⋯ 1个

鹌鹑蛋(水煮) ⋯ 2个 ▶牙签串起

四季豆 ⋯ 2根 ▶切成2等份

关东煮汤底 ⋯ 3g

热水 ⋯ 适量

做法

1 预热食材和焖烧罐

将关东煮汤底以外的材料加入焖烧罐里，注入热水盖过食材，旋紧盖子预热。

2 过滤＆放入焖烧罐

2分钟后将1的盖子打开，用滤网抵住避免食材溢出，将热汁过滤掉，再依序将关东煮汤底、热水装至焖烧罐内侧线条的位置稍微搅拌，最后旋紧盖子即可。

168
kcal

姜一餐份
薄片状

猪骨高汤里加入少许白芝麻，更加营养、美味！

芝麻猪骨高汤

材料

姜 ⋯ 1餐份 ▶薄片状

猪骨肉 ⋯ 30g

白芝麻粉 ⋯ 1 大匙

胡萝卜 ⋯ 1/6 根(20g) ▶ 5mm 厚杏叶形

白萝卜 ⋯ 1cm(20g) ▶ 5mm 厚杏叶形

牛蒡 ⋯ 10cm(20g) ▶斜切薄片

魔芋 ⋯ 1/8 片(20g) ▶ 细切5mm厚

味噌 ⋯ 2小匙

和风酱汁 ⋯ 1/2 小匙

芝麻油 ⋯ 1/2 小匙

葱 ⋯ 10g ▶切成葱花

水 ⋯ 3/4 杯

做法

1 预热

在焖烧罐里注入热水，旋紧盖子预热。

2 煮

锅子里加入芝麻油，锅热后放进猪肉、胡萝卜、白萝卜、牛蒡、魔芋后拌炒，再加入水、和风酱汁煮开。加入姜和芝麻后稍微熬煮，味噌化开后即可熄火。

3 放入焖烧罐

倒掉焖烧罐中1预热的热水，再放入2、葱花，旋紧盖子即可。

增加女性魅力　消除眼睛疲劳　提高免疫力

姜一餐份
薄片状

萝卜干的口感和分量感大增

茄子茗荷
萝卜干红汤

66 kcal

材料

姜 … 1餐份 ▶薄片状

茄子…1个（60g）

▶ 微波炉加热后纵向剖半斜切

萝卜干 … 5g 切成容易入口的长度

茗荷 … 1个（15g）▶细薄状

A
　红味噌 … 2小匙
　味醂 … 1/2 小匙
　和风酱汁 … 1/2 小匙

热水 … 适量

做法

1 在焖烧罐里放入姜、萝卜干、茗荷，注入热水盖过食材，旋紧盖子预热。

2 用保鲜膜轻轻覆盖茄子，放进微波炉加热1分10秒，纵向对半切开后再斜切。

3 2分钟后将1的盖子打开，用滤网抵住避免食材溢出，将热汁过滤掉，再依序将2、A、热水装至焖烧罐内侧线条的位置稍微搅拌，最后旋紧盖子即可。

增加女性魅力　消除宿醉　提高免疫力

姜一餐份
切丝状

能解酒的白菜对宿醉最有效

芋头白菜
柚子胡椒汤

79 kcal

材料

姜 … 1餐份 ▶切丝状

芋头 … 2个（100g）

▶微波炉加热后对半切

白菜 … 1/2 片（50g）▶切成1cm宽

A
　柚子胡椒 … 1/2 小匙
　鸡骨高汤 …1小匙
　盐…少许

热水…适量

做法

1 在焖烧罐里放入白菜、姜，注入热水盖过食材，旋紧盖子预热。

2 芋头充分清洗干净，用保鲜膜轻轻包覆，放进微波炉里加热1分钟，上下翻面后再加热40秒，稍微冷却后去皮，用手掰成两半。

3 2分钟后将1的盖子打开，用滤网抵住避免食材溢出，将热汁过滤掉，再依序将2、A、热水装至焖烧罐内侧线条的位置稍微搅拌，最后旋紧盖子即可。

消除疲劳 增加女性魅力

鲭鱼味噌罐头和七味唐辛子，兼容性极佳的简单汤品

鲭鱼罐头味噌汤

材料

姜 … 1餐份 ▶切丝状

鲭鱼罐头(味噌) … 1/2 罐(90g)

小松菜 … 1株(20g) ▶切2cm长

酱油 … 1/2 小匙

七味唐辛子 … 适量

水 … 3/4 杯

做法

1 预热

在焖烧罐里注入热水，旋紧盖子预热。

2 煮

将七味唐辛子之外的所有材料加入锅子里，煮开。

3 放入焖烧罐

倒掉焖烧罐中1预热的热水，放入2之后撒上七味唐辛子，旋紧盖子即可。

203
kcal

152 kcal

姜一餐份

薄片状

提高免疫力　增加女性魅力　控制食欲　改善便秘

鱼贝类和蔬菜里加入冬粉，细细温出白色汤品

粉丝杂菜汤

材料

姜 … 1餐份 ▶薄片状

细冬粉 … 1个(5g)

综合海鲜 … 30g

鱼板(红色) … 20g ▶切细

圆白菜 … 1/2 片(30g) ▶切小块

黑木耳 … 2个 ▶以水泡开后切细

豌豆荚 … 3片 ▶对半斜切

中式汤底 … 1/2 大匙

酒、味醂 … 各1小匙

酱油 … 1/3 小匙

牛奶 … 1/3 杯

胡椒 … 少许

水 … 1/2 杯

做法

1 预热

在焖烧罐里注入热水，旋紧盖子预热。

2 煮

将冬粉以外的所有材料加入锅子里，混合，煮开。

3 放入焖烧罐

倒掉焖烧罐中1预热的热水，再依序放入冬粉、2后稍微混合，旋紧盖子即可。

37

姜一餐份
切丝状

消除疲劳 消除宿醉 提高免疫力 增加女性魅力

加了豆瓣酱的辛辣味噌，
在蚬汁上更下功夫

辣味噌蚬汤

51 kcal

材料

姜 … 1餐份 ▶切丝状

蚬粒(水煮) … 40g

白萝卜 … 1cm(20g) ▶切丝状

豌豆荚 … 3片(15g) ▶斜切

A ┃ 味噌 … 1/2 大匙
　 ┃ 豆瓣酱 … 1/2 小匙

热水 … 适量

做法

1 将A以外的材料放入焖烧罐，注入热水盖过食材，旋紧盖子预热。

2 2分钟后将1的盖子打开，用滤网抵住避免食材溢出，将热汁过滤掉，加入浓稠状的A、热水倒入焖烧罐内侧线条的位置稍微混合，最后旋紧盖子即可。

姜一餐份
薄片状

消除眼睛疲劳 改善便秘 增加女性魅力 控制食欲

沙丁鱼苗小银鱼含有
丰富的钙质、EPA、抗氧化矿物质

小银鱼圆白菜
油炸豆腐汤

122 kcal

材料

姜 … 1餐份 ▶薄片状

小银鱼干 … 15g

圆白菜 … 1片(50g)
　　　 ▶切成一口大小

油炸豆腐 … 1/2片(20g) ▶切成1cm宽

A ┃ 葱 … 少许 ▶切成2cm长
　 ┃ 海带茶 … 1小匙
　 ┃ 味醂、酱油 … 各1/2小匙

热水 … 适量

做法

1 将A以外的所有材料放入焖烧罐，注入热水盖过食材，旋紧盖子预热。

2 2分钟后将1的盖子打开，用滤网抵住避免食材溢出，将热汁过滤掉。再依序将A、热水倒入焖烧罐内侧线条的位置稍微混合，最后旋紧盖子即可。

提高免疫力　增加女性魅力　消除疲劳　汤饭

姜一餐份

切丝状

使用鸡骨汤、姜、蟹肉罐头的绝品菜粥

蟹肉粥

材料

蟹肉罐头 … 1 小罐(55g)

蛋 … 1 个 ▶打散

白饭 … 40g

A
| 姜 … 1 餐份 ▶切丝状
| 酱油 … 1/2 小匙
| 鸡骨汤底 … 1 小匙
| 水 … 1/2 杯

盐、胡椒 … 各少许

鸭儿芹 … 适量 ▶切成2cm长

做法

1 预热

焖烧罐里注入热水，旋紧盖子预热。

2 煮

锅子里放入A和蟹肉连汁一起加热。煮开后加入蛋花，当蛋花略微浮起后再加入盐、胡椒调味后熄火。

3 放入焖烧罐

倒掉焖烧罐中 1 预热的热水，再放入热白饭、2 后稍微搅拌混合，撒上鸭儿芹后旋紧盖子即可。

195
kcal

200 kcal

芝麻油风味的炒芥菜、和布芜提升食欲、营养满分！
（和布芜是寄生在裙带菜上的藻类）

炒芥菜、和布芜汤饭

材料

姜 … 1餐份 ▶碎末状

腌芥菜 … 30g ▶粗碎末状

和布芜 … 1/2 盒（30g）

鸡绞肉 … 30g

白饭 … 40g

A
| 白芝麻粉 … 2小匙
| 酒 … 1大匙
| 砂糖、酱油…各 1/2 小匙

芝麻油 … 1/2 小匙

热水 … 适量

做法

1 预热食材和焖烧罐

焖烧罐里加入姜，注入热水盖过食材，旋紧盖子预热。

2 煮

锅子里加入芝麻油加热，拌炒鸡绞肉，肉变色后加入芥菜再拌炒，加入和布芜和A后煮开，熄火。

3 放入焖烧罐

2分钟后将1的盖子打开，用滤网抵住避免食材溢出，将热汁过滤掉，再依序将热白饭、2、热水装至焖烧罐内侧线条的位置稍微搅拌，最后旋紧盖子即可。

提高免疫力　消除疲劳　增加女性魅力　　汤饭

添加蕈朴、白萝卜泥、海带茶，对身体温和的粥食料理

蕈朴萝卜泥粥

姜一餐份

泥状

材料

姜 … 1餐份 ▶泥状

蕈朴 … 30g

白萝卜 … 2.5cm（50g）▶泥状

米 … 2大匙

嫩豆腐 … 1/9 块（30g）▶粗切状

海带茶 … 1 小匙

盐 … 少许

水菜 … 10g ▶切小片状

水 … 1/2 杯

做法

1 预热

焖烧罐里注入热水，旋紧盖子预热。

2 煮

锅子里加入水、海带茶、豆腐、米后煮开。加入蕈朴、白萝卜、姜、盐后再次煮开，加入水菜后熄火。

3 放入焖烧罐

倒掉焖烧罐中1预热的热水，放入2后旋紧盖子即可。

PART

1

食材丰富的每日汤品　日式浓汤

122 kcal

姜一餐份

薄片状

花生酱口味的亚洲风格奶油汤

花椰菜蘑菇金枪鱼花生酱浓汤

材料

姜 … 1餐份 ▶ 薄片状

花菜 … 30g ▶ 分成小朵状

蘑菇 … 2个 ▶ 薄片状

A
| 金枪鱼罐头（水煮）
|　… 1/2小罐（40g）
| 花生酱（泥状）… 2小匙
| 蘑菇 … 2大匙
| 牛奶 … 1/4 杯
| 颗粒状高汤 … 1/2 小匙
| 盐、胡椒 … 各少许

做法

1 预热食材和焖烧罐

将A以外的材料加入焖烧罐，注入热水盖过食材，旋紧盖子预热。

2 微波炉加热

将花生酱和土豆泥放进耐热容器里，加入牛奶慢慢化开，加入A剩余的材料后混合搅拌。轻轻地覆盖保鲜膜，放进微波炉里加热1分～1分10秒。

3 滤过热汁＆放入焖烧罐

2分钟后将1的盖子打开，用滤网抵住避免食材溢出，将热汁过滤掉，放入2后旋紧盖子即可。

姜一餐份

薄片状

椰奶的甘甜香气，做成口感温和的咖喱浓汤

椰奶咖喱浓汤

材料

小扇贝 … 3个（30g）

茄子 … 1/2个（30g）▶ 斜切

甜椒（红）… 1/6个（20g）▶ 细斜切

南瓜 … 30g ▶ 薄片一口大小

洋葱 … 1/8个（20g）▶ 薄片

咖喱粉 … 1 小匙

A
| **姜 … 1餐份 ▶ 薄片状**
| 椰奶 … 2/3 杯
| 鸡骨汤底 … 1/2 小匙
| 鱼露 … 1 小匙

橄榄油 … 1 小匙

做法

1 预热

在焖烧罐里注入热水，旋紧盖子预热。

2 煮

锅子里加入橄榄油拌炒洋葱和咖喱粉，洋葱软化后再加入A和南瓜煮开。最后加入扇贝、茄子、甜椒后再次煮开。

3 放入焖烧罐

倒掉焖烧罐中1预热的热水，放入2后旋紧盖子即可。

165
kcal

花椰菜蘑菇金枪鱼花生酱浓汤

312
kcal

椰奶咖哩浓汤

150 kcal

小贴士
蛋以半熟状态放进焖烧罐，完成后看起来较为松软。

姜一餐份
薄片状

提高免疫力　消除疲劳　改善便秘　增加女性魅力

加了番茄、竹笋的酸辣汤，辣油的辛辣味超级美味！

番茄酸辣汤

材料

姜 … 1餐份 ▶薄片状

番茄 … 1/4个(40g) ▶切成1cm丁状

竹笋(水煮)… 20g ▶细切

香菇 … 1个 ▶薄片

火腿 … 1片(15g) ▶细切

玉米笋(水煮)… 2根(20g) ▶纵向切半

A ‖ 鸡骨汤底 … 1/2 小匙
　 ‖ 酱油 … 1小匙
　 ‖ 水 … 1/2 杯

蛋 … 1个 ▶打散

太白粉 … 1小匙

醋 … 1/2 大匙

盐、胡椒 … 各少许

葱 … 适量

做法

1 预热

在焖烧罐里注入热水，旋紧盖子预热。

2 煮

在锅子里加入A后煮开。再加入姜、蔬菜、香菇、火腿稍微煮开后加入盐和胡椒调味。再加入以双倍水(分量外)调和后的太白粉勾芡。一边用长筷子搅拌，一边倒入散蛋，加醋后熄火。

3 放入焖烧罐

倒掉焖烧罐中1预热的热水，再加入2、葱花、适量的辣油后旋紧盖子即可。

消除疲劳　改善便秘　增加女性魅力　预防感冒

充满饱足感的韩国汤品

猪肉土豆汤

材料

姜 …1餐份 ▶ 薄片状

猪碎肉 … 30g

土豆 … 大1/2个（80g）
▶ 微波炉加热后对半切

金针菇 … 20g ▶ 切成2~3cm后松开

韭菜 … 10g ▶ 切成2~3cm长

A ‖ 韩国红辣椒酱（苦椒酱）… 2小匙
酱油、味醂 … 各1小匙
蒜泥 … 1/3小匙
水 … 2/3杯

芝麻油 … 1小匙

做法

1 预热和微波炉加热

在焖烧罐里注入热水，旋紧盖子预热。将土豆带皮轻轻地覆盖保鲜膜，放进微波炉加热2分钟，稍微冷却后去皮对半切。

2 煮

在锅子里加入芝麻油加热拌炒猪肉，肉变色后再加入1的土豆、金针菇、姜、A煮开，加入韭菜后熄火。

3 放入焖烧罐

倒掉焖烧罐中1预热的热水，再加入2后旋紧盖子即可。

204 kcal

消除疲劳　控制食欲　改善便秘　增加女性魅力

鱿鱼丝和蚝油酱造就美味汤品

蘑菇圆白菜乌贼蚝油酱汤

材料

姜 ⋯ **1餐份** ▸切丝状

玉蕈 ⋯ 30g ▸分成小朵状

香菇 ⋯ 1个 ▸薄片

圆白菜 ⋯ 1/2大片（40g）▸切细

鱿鱼丝 ⋯ 10g

A ‖ 蚝油酱 ⋯ 1大匙
　　盐、胡椒 ⋯ 各少许

热水 ⋯ 适量

做法

1 预热食材和焖烧罐

将A以外的材料放入焖烧罐，注入热水盖过食材，旋紧盖子预热。

2 滤过热汁 & 注入热水

2分钟后将1的盖子打开，用滤网抵住避免食材溢出，将热汁过滤掉，再依序将A、热水装至焖烧罐内侧线条的位置稍微搅拌，最后旋紧盖子即可。

67
kcal

175
kcal

增加女性魅力　提高免疫力　改善便秘

姜一餐份

泥状

使用炸鸡块做成的南美乡土料理秋葵汤饭 "gumbo"

炸鸡秋葵汤饭

材料

姜 … 1餐份 ▶泥状

炸鸡块 … 2个(60g) ▶切半

秋葵 … 2 根(20g) ▶斜切3等份

番茄罐头 … 1/4 杯

胡萝卜 … 1/4根(30g) ▶泥状

奥勒冈(干燥)… 1/2 小匙

颗粒状高汤 … 1/2 小匙

辣椒粉…少许

盐、胡椒…各少许

水 … 1/2 杯

做法

1 预热

在焖烧罐里注入热水，旋紧盖子预热。

2 煮

将所有材料加入锅子里加热，煮开后加入盐和胡椒调味。

3 放入焖烧罐

倒掉焖烧罐中1预热的热水，再加入2后旋紧盖子即可。

47

增加女性魅力　提高免疫力　消除疲劳

多种蔬菜和鸡腿肉用橄榄油拌炒后，美味更升一级！

烤蔬菜咖喱汤

材料

姜 … 1餐份 ▶薄片状

南瓜 … 1/12个（30g）▶薄片

莲藕 … 1/4小节（30g）▶轮切5mm厚

茄子 … 1/2个（30g）▶纵切4等份

四季豆 … 3根 ▶切半

鸡腿肉 … 40g

　▶1cm厚度切片后洒上盐、胡椒

A
　咖喱块 … 1块（10g）
　颗粒状高汤 … 1/2 小匙
　孜然粉 … 1/3 小匙

橄榄油…1 小匙

鹌鹑蛋（水煮）…1个 ▶对半切

热水 … 适量

做法

1 预热食材和焖烧罐

在焖烧罐里放入姜，注入热水盖过食材，旋紧盖子预热。

2 拌炒

在平底锅里倒入橄榄油加热后放入鸡肉和蔬菜，两面烧烤至焦黄色。

3 滤过热汁 & 注入热水

2分钟后将1的盖子打开，用滤网抵住避免食材溢出，将热汁过滤掉，再依序将A、2、热水装至焖烧罐内侧线条的位置稍微搅拌，最后放入鹌鹑蛋后旋紧盖子即可。

225 kcal

178 kcal

姜一餐份

薄片状

消除疲劳　改善便秘

由猪绞肉、山苦瓜、豆腐、麻婆豆腐汤底做成的美味汤品

山苦瓜麻婆汤

材料

山苦瓜 ⋯ 1/4 根 (40g) ▶ 薄片

嫩豆腐 ⋯ 1/6 块 (50g)
　▶ 切成一口大小

猪绞肉 ⋯ 30g

A ‖ 姜 ⋯ 1 餐份 ▶ 薄片状
麻婆豆腐汤底 ⋯ 1 人份 (30g)
水 ⋯ 2/3 杯

芝麻油 ⋯ 1/2 小匙

做法

1 预热

在焖烧罐里注入热水，旋紧盖子预热。

2 煮

在锅子里加入芝麻油后拌炒猪肉，肉变色后再加入山苦瓜稍微拌炒。最后加入A、豆腐煮开后熄火。

3 放入焖烧罐

倒掉焖烧罐中1预热的热水，再加入2后旋紧盖子即可。

49

185 kcal

姜一餐份 粗碎末状

增加女性魅力　改善便秘　改善头痛　消除疲劳

充满辣椒和孜然香气的浓稠汤品

酪梨牛肉香辣浓汤

材料

姜 … 1餐份 ▶粗碎末状

酪梨 … 1/4个(30g) ▶切成1cm丁状

牛绞肉 … 30g

洋葱 … 1/8个(20g) ▶碎末状

西芹 … 20g ▶粗碎末状

蔬菜汁 … 3/4 杯

孜然粉 … 1/3 小匙

辣椒粉 … 1 小匙

颗粒状高汤 … 1/2 小匙

橄榄油 … 1/2 小匙

盐、胡椒 … 各少许

做法

1 预热

在焖烧罐里注入热水，旋紧盖子预热。

2 煮

在锅子里加入橄榄油后用小火拌炒洋葱、西芹、姜，炒出香味后再加入牛绞肉拌炒。牛肉变色后加入剩余材料，煮开后熄火。

3 放入焖烧罐

倒掉焖烧罐中1预热的热水，再加入2后旋紧盖子即可。

消除疲劳　改善便秘　提高免疫力　增加女性魅力

如面条般的白萝卜丝，
美味的白芝麻担担面汤品

担担面萝卜丝汤

212 kcal

材料

姜 ⋯ 1餐份 ▶切丝状

猪绞肉 ⋯ 40g

干萝卜丝 ⋯ 8g

绿芦笋 ⋯ 1大根(20g)
　▶斜切薄片

金针菇 ⋯ 20g ▶对半切后松开

A ｜ 豆瓣酱 ⋯ 1/2 小匙
　｜ 蒜泥 ⋯ 1/3 小匙

烤肉酱(中辣) ⋯ 2大匙

白芝麻粉 ⋯ 2小匙

芝麻油 ⋯ 1/2 小匙

热水 ⋯ 适量

做法

1 在焖烧罐里加入姜、干萝卜丝、绿芦笋、金针菇，注入热水盖过食材，旋紧盖子预热。

2 在锅子里加入芝麻油后拌炒猪绞肉，再加入A拌炒至水分消失后加入烤肉酱稍微拌炒。

3 2分钟后将1的盖子打开，用滤网抵住避免食材溢出，将热汁过滤掉，再依序将2、芝麻、热水装至焖烧罐内侧线条的位置稍微搅拌，旋紧盖子即可。

增加女性魅力　改善便秘　预防感冒　消除疲劳

加入鸡胸肉汁，增添清爽口感

鸡肉裙带菜青葱汤

77 kcal

材料

姜 ⋯ 1餐份 ▶薄片状

鸡胸肉 ⋯ 1 小片(40g)
　▶纵向对切，洒酒提味

裙带菜(干燥) ⋯ 3g

葱 ⋯ 2/3 片(40g) ▶斜切

豆芽 ⋯ 20g

A ｜ 中式汤底 ⋯ 约1 小匙
　｜ 盐、胡椒 ⋯ 各少许

芝麻油 ⋯ 少许

热水 ⋯ 适量

做法

1 在焖烧罐里加入姜、裙带菜、葱、豆芽，注入热水盖过食材，旋紧盖子预热。

2 在耐热容器里加入鸡胸肉，轻轻地覆盖保鲜膜后放入微波炉中加热约1分20秒，稍微冷却后用手撕开。

3 2分钟后将1的盖子打开，用滤网抵住避免食材溢出，将热汁过滤掉，再将2连同蒸汁、A、热水依序倒入焖烧罐内侧线条的位置稍微搅拌，撒上芝麻油后旋紧盖子即可。

增加女性魅力　消除疲劳　预防感冒　提高免疫力　汤饭

姜一餐份
薄片状

使用鸡腿肉和盐曲，轻松做出韩国药膳料理

参鸡汤粥

材料

姜 … 1餐份 ▶薄片状

米 … 3大匙

鸡腿肉 … 30g ▶切成1cm丁状

牛蒡 … 5cm(10g) ▶切碎

盐曲 … 1小匙

葱 … 1/3 根(20g) ▶斜切薄片

枸杞 … 5~6粒

A ｜ 鸡骨汤底 … 1小匙
　 ｜ 盐、酱油 … 各少许

热水 … 适量

做法

1 预热食材和焖烧罐

在焖烧罐里加入姜、米、牛蒡、葱、枸杞，注入热水盖过食材，旋紧盖子预热。

2 微波炉加热

在鸡肉中揉入盐曲，轻轻地覆盖保鲜膜后放进微波炉里加热1分钟。

3 滤过热汁 & 注入热水

2分钟后将1的盖子打开，用滤网抵住避免食材溢出，将热汁过滤掉，再依序将2、A、热水倒入焖烧罐内侧线条的位置稍微搅拌，旋紧盖子即可。

219
kcal

127 kcal

姜一餐份

切丝状

提高免疫力　消除疲劳　增加女性魅力　改善便秘　汤饭

虾、香菇、蔬菜等食材丰富的异国风料理

冬荫（泰式酸辣汤）冬粉汤

材料

姜 … 1 餐份 ▶切丝

冬粉 … 1 个（5g）

虾（带壳）… 2 只（30g）
　▶保留尾部，去壳，取掉沙肠

玉蕈 … 20g ▶分成小朵状

杏鲍菇 … 1 小根（30g）▶纵切成 4 等份

洋葱 … 1/8 个（20g）▶薄片

玉米笋 … 1 根（10g）▶对半切

柠檬草 … 1/2 支

冬荫汤底 … 2 小匙

鱼露 … 1 小匙

砂糖 … 1/2 小匙

青柠 … 1/8 个（也可用柠檬代替）

水 … 3/4 杯

做法

1 预热

在焖烧罐里注入热水，旋紧盖子预热。

2 煮

将虾、冬粉、青柠以外的材料加入锅子里，加热。煮开后加入虾，虾变色后熄火，挤入柠檬汁。

3 放入焖烧罐

倒掉焖烧罐中 1 预热的热水，加入冬粉、2 稍微搅拌，旋紧盖子即可。

294 kcal

姜一餐份

切丝状

增加女性魅力　消除疲劳　提高免疫力　汤饭

芝麻拌菜和牛肉里加入姜的健康美容汤饭

简单炖饭

材料

姜 … 1餐份 ▶切丝

白饭 … 40g

牛五花肉片 … 30g ◀细切

A
| 蒜泥 … 1/3 小匙
| 味醂、酱油 … 各1/2 小匙
| 白芝麻粉 … 1 小匙
| 芝麻油 … 少许

拌菜(菠菜、紫萁、白萝卜、大豆芽)
　… 混合90g

B
| 鸡骨汤底 … 1/3 小匙
| 苦椒酱(韩国辣酱)… 1/2 大匙

热水 … 适量

做法

1 预热

在焖烧罐里注入热水，旋紧盖子预热。

2 微波炉加热

在耐热容器里加入牛肉、A的材料后充分揉捏入味，轻轻地覆盖保鲜膜后放进微波炉里加热30秒。再加入拌菜加热40秒。

3 滤过热汁 & 注入热水

倒掉焖烧罐中1预热的热水，放入热白饭、B、2、姜、热水至焖烧罐内侧线条的位置，旋紧盖子即可。

PART 2

根据身体状况选择
提升能量的汤品

由于体质寒冷而导致体温下降1℃时，保护身体免受
细菌及病毒侵袭的免疫力会下降约30%，产生能量
的代谢率约下降12%。容易罹患感冒、肥胖等问题
也是由身体过寒所致。除了80℃姜食法的绝佳祛寒
效果之外，Part2中针对常见病症，在汤料中添加有
助于改善这些症状的食材。

55

为了改善万病之源的寒性体质，必须刻意选择让身体温暖的食材。在猪肉、牛肉、蛋等动物性食材中，使用具有补充能量及促进血液循环作用者。适当使用味噌、盐曲等发酵食品或七味唐辛子、辣椒粉等香料，更能提高祛寒效果。

115 kcal

姜一餐份
薄片状

利用猪肉、味噌、酒糟、七味唐辛子做出最有效的祛寒汤品

鸡肉酒糟汤

材料

姜 … 1餐份 ▶ 薄片状

猪五花肉 … 30g

酒糟 … 10g

胡萝卜 … 1/6 根(20g) ▶ 细切成2cm

白萝卜 … 1cm(20g) ▶ 细切成2cm

豌豆荚 … 2 片 ▶ 斜细切

味噌 … 1/2 大匙

和风酱汁 … 1/3 小匙

七味唐辛子 … 少许

水 … 约1 杯(180ml)

做法

1 预热

在焖烧罐里注入热水，旋紧盖子预热。

2 煮

在锅子里加入水、酒糟、和风酱汁充分混合，再加入白萝卜加热。煮开后加入猪肉，第二次煮开后熄火，加入味噌、豌豆荚、姜。

3 放入焖烧罐

倒掉焖烧罐中1预热的热水，加入2、七味唐辛子，旋紧盖子即可。

姜一餐份
碎末状

香料风味搭配鸡蛋，祛寒效果更升级

辣酱鸡蛋汤

材料

姜 … 1餐份 ▶碎末状
综合豆类 … 40g
温泉蛋 … 1个
牛绞肉 … 30g
洋葱 … 1/8个(20g) ▶碎末状
蒜泥 … 1/2 小匙
番茄汁 … 100ml
辣椒粉 … 1/2 小匙
颗粒状高汤 … 1/2 小匙
盐、胡椒 … 各少许
热水 … 适量

做法

1 预热

在焖烧罐里注入热水，旋紧盖子预热。

2 煮

将绞肉和温泉蛋以外的食材放进大型耐热容器里，稍微搅拌，轻轻地覆盖保鲜膜放进微波炉加热约2分钟。取出后再加入绞肉搅拌混合，再次用微波炉加热2分钟。

3 放入焖烧罐 & 注入热水

将1预热时的焖烧罐内热水倒掉，放入2后打入温泉蛋，再加入热水至焖烧罐内侧线条的位置，旋紧盖子即可。

207
kcal

80℃姜食法是改善肥胖和水肿的快捷方式，可以燃烧体内的脂肪和糖分，搭配食物纤维丰富的香菇、西兰花、牛蒡以及利尿作用的小黄瓜、南瓜等瓜科蔬菜。善用豆腐和鱼肉山芋蒸饼，能抑制热量且能获得饱足感。

65 kcal

姜一餐份

薄片状

低热量食材和入味蒸饼，令人满足口腹的汤品

西兰花栗蘑蒸饼浓汤

材料

姜 … 1餐份 ▶薄切

西兰花 … 40g ▶分成小朵状

栗蘑 … 1/3 盒(30g)
　　▶松开

蒸饼 … 30g

A ｜｜ 鸡骨汤底 … 1/2 小匙
　　盐、胡椒 … 各少许
　　酱油 … 1/2小匙
　　水 … 3/4 杯

太白粉 … 1 小匙

辣油 … 1~2滴

做法

1 预热食材和焖烧罐

在焖烧罐里加入西兰花和栗蘑、蒸饼、姜，注入热水盖过食材，旋紧盖子预热。

2 煮

在锅子里加入A加热，煮开后加入用一倍水(分量外)调和的太白粉勾芡。

3 放入焖烧罐

2分钟后将1的盖子打开，用滤网抵住避免食材溢出，将热汁过滤掉，再加入2、辣油后稍微混合搅拌，最后旋紧盖子即可。

姜一餐份

薄片状

低热量又利尿、口感清脆的小黄瓜
小黄瓜竹笋榨菜汤

材料

姜 ··· 1餐份 ▶薄片状

小黄瓜 ··· 1/3根(30g) ▶斜薄片

竹笋(水煮) ··· 20g ▶切细

嫩豆腐 ··· 1/8块(35g) ▶切长方形

A | 榨菜(瓶装) ··· 20g ▶切细
A | 中式清汤 ··· 1/2 小匙
A | 盐、胡椒 ··· 各少许

热水 ··· 适量

做法

1 预热食材和焖烧罐

将A以外的材料加入焖烧罐里，注入热水盖过食
材，旋紧盖子预热。

2 滤过热汁 & 注入热水

2分钟后将1的盖子打开，用滤网抵住避免食材
溢出，将热汁滤掉。再依序注入A和热水至焖烧
罐内侧线条的位置后稍微搅拌，最后旋紧盖子
即可。

40
kcal

所谓的缺铁性贫血，就是由制造红血球的铁质不足所引起的贫血现象。因为无法充分制造身体中负责输送氧气的红血球，身体很容易觉得疲劳或倦怠。可以通过食用含铁质的羊栖菜、海带、黑芝麻、黑豆等黑色食物或牛肉、猪肉来补充。

177 kcal

姜一餐份

泥状

能同时摄取动物性和植物性铁质的微酸汤品

牛肉黑豆醋苔汤

材料

姜 … 1餐份 ▶ 泥状

牛五花肉 … 30g

黑豆(干燥) … 20g

醋渍海蕴(醋苔) … 1 盒(70g)

黑木耳 … 2 片
　　▶ 用清水泡开切小块

小松菜 … 1 株(20g)
　　▶ 切成 2~3cm长

A ‖ 鸡骨汤底 … 1/2 小匙
　　水 … 3/4 杯

做法

1 预热食材和焖烧罐

在焖烧罐里注入热水，旋紧盖子预热。黑豆用清水稍微清洗后，放进耐热容器里覆盖保鲜膜，放进微波炉加热40~50秒。

2 煮

在锅子里放入A后煮开，加入牛肉和小松菜、黑木耳、醋渍海蕴再次煮开后熄火。

3 放入焖烧罐

将1预热的热水倒掉，加入1的黑豆、2、姜稍微搅拌混合，最后旋紧盖子即可。

109
kcal

姜一餐份

切丝状

多种黑色食材，搭配适量盐分做出温和美味

羊栖菜和裙带菜、
油炸豆腐黑芝麻汤

材料

姜 … 1餐份 ▶切丝状

羊栖菜芽 … 3g

裙带菜(干燥)… 2g

油炸豆腐 … 30g ▶切长方形

A
| 黑芝麻粉 … 1 大匙
| 芥末酱 … 1/3 小匙
| 酱油 … 1 小匙
| 和风酱汁 … 1 小匙

热水 … 适量

做法

1 预热食材和焖烧罐

在焖烧罐里加入A以外的材料，注入热水盖过食材，旋紧盖子预热。

2 滤过热汁 & 注入热水

2分钟后将1的盖子打开，用滤网抵住避免食材溢出，将热汁过滤掉。再依序注入A和热水至焖烧罐内侧线条的位置后混合，最后旋紧盖子即可。

想要拥有无斑点、不黯淡的光滑美肌，其决定因素在于肌肤的血液循环状态。体温上升可促使血液循环顺畅，同时有助于排出老废物质，皮脂腺及汗腺也能活跃运作。此外，能预防肌肤老化的抗氧化维生素及含有丰富多酚的绿黄色蔬菜，也具有美肤的效果。

98 kcal

姜一餐份
泥状

红色食材含有大量抗氧化成分，做出热乎乎的汤吧！

西班牙热汤

材料

姜 … 1餐份 ▶ 泥状

番茄 … 1个(150g) ▶ 泥状

金枪鱼罐头(水煮)… 1/2 小罐(40g)

胡萝卜 … 1/4 根(30g) ▶ 泥状

甜椒(红色) … 1/4 个(30g) ▶ 泥状

A ‖ 塔巴斯科辣椒酱 … 适宜
  ‖ 盐、胡椒 … 各少许

橄榄油 … 1/2 小匙

茴芹 … 适量

做法

1 预热

在焖烧罐里注入热水，旋紧盖子预热。

2 煮

将A、橄榄油、茴芹以外的所有材料加入锅子里，混合煮开后加入塔巴斯科辣椒酱、盐、胡椒调味。

3 放入焖烧罐

倒掉焖烧罐中1预热的热水，加入2、橄榄油稍微搅拌，放上茴芹，旋紧盖子即可。

60
kcal

姜一餐份
碎末状

细切的生鲜长蒴黄麻是美肌的关键

长蒴黄麻番茄汤

材料

姜 ⋯ 1餐份 ▶碎末状

长蒴黄麻 ⋯ 20g ▶粗切

番茄 ⋯ 1/4个（40g）▶切成1cm丁状

花形麸（干燥）⋯ 3个

A 海带茶⋯1小匙

酱油 ⋯ 1小匙

胡椒 ⋯ 少许

热水 ⋯ 适量

做法

1 预热食材和焖烧罐

在焖烧罐里加入长蒴黄麻和番茄、姜，注入热水盖过食材，旋紧盖子预热。

2 滤过热汁 & 注入热水

2分钟后将1的盖子打开，用滤网抵住避免食材溢出，将热汁过滤掉。再依序加入花形麸、A、热水至焖烧罐内侧线条的位置后稍微搅拌，最后旋紧盖子即可。

想要改善便秘，必须同时吸收可以形成粪便的不溶性食物纤维和有助排便顺畅的水溶性食物纤维。多吃含有丰富不溶性食物纤维的牛蒡等根菜类或香菇、饱含水溶性食物纤维的裙带菜、海苔等海藻类吧！

115 kcal

姜一餐份

切丝状

利用干燥裙带菜，即使不易摄取的水溶性食物纤维也能轻易吸收

蘑菇裙带菜蟹肉蛋汤

材料

姜 … 1 餐份 ▶切丝状

香菇 … 1 小朵(薄片)

裙带菜(干燥) … 3g

蟹味棒 … 2 根(20g)

　　▶对半切后撕开

蛋 … 1 个 ▶打散

太白粉 … 1/2 小匙

A ┃ 酱油 … 1 小匙
　┃ 鸡骨汤底 … 1/2 小匙
　┃ 水 … 3/4 杯

做法

1 预热

在焖烧罐里注入热水，旋紧盖子预热。

2 煮

在锅子里加入A、香菇、蟹味棒后加热，煮开后再加入姜、用双倍水(分量以外)调和的太白粉、蛋，搅拌后熄火。

3 放入焖烧罐

倒掉焖烧罐中1预热的热水，加入2、裙带菜稍微搅拌，旋紧盖子即可。

PART

2

提升能量的汤品 改善便秘

姜一餐份
薄片状

牛蒡丝口感和绿紫菜鸡肉丸子

牛蒡绿紫菜鸡肉丸子汤

材料

姜 … 1餐份 ▶薄切

牛蒡 … 10cm(20g) ▶刨丝状

鸡绞肉 … 40g

A
| 太白粉 … 1/2 小匙
| 盐、胡椒 … 各少许
| 绿紫菜 … 1 小匙

栗蘑 … 20g ▶撕开

鸡骨高汤 … 1/2 小匙

B
| 酱油 … 1 小匙
| 味醂 …1/3 小匙

芝麻油 … 1/2 小匙

水 … 1 杯

做法

1 预热

在焖烧罐里注入热水，旋紧盖子预热。

2 煮

在绞肉里加入A混合后捏成一口大小的丸子。锅子里芝麻油加热后稍微拌炒牛蒡，再加入水、鸡骨高汤后转大火，煮开后再加入栗蘑、丸子、姜、B，煮开后熄火。

3 放入焖烧罐

倒掉焖烧罐中1预热的热水，加入2后旋紧盖子即可。

124
kcal

改善心情

具有发汗或抗氧化等各种作用的香料类，除了可以增添食物的美味之外，对于提升健康效果来说也是不可缺少的食材。情绪低落或心情不佳时，不妨增添肉桂、柠檬、小茴香、紫苏等香料，利用香气来恢复元气吧！

223 kcal

姜一餐份
粗碎末状

多种香料融合而成的人工干酪，饱足感满分！

咸牛肉、绿芦笋、玉米咖喱综合汤

材料

姜 … 1 餐份 ▶粗碎末状

咸牛肉 … 1/3 罐(30g)

绿芦笋 … 2 根(30g)

玉米粒罐头 … 2 大匙(20g)

洋葱 … $^1/_{16}$ 个(10g) ▶碎末状

人工干酪 … 20g ▶切成 1cm 丁状

A
牛奶 … 1/4 杯

咖喱粉 … 1 小匙

颗粒状高汤 … 1/2 小匙

水 … 1/2 杯

橄榄油 … 1/2 小匙

盐、胡椒 … 各少许

做法

1 预热

在焖烧罐里注入热水后，旋紧盖子预热。

2 煮

在锅子里倒入橄榄油，锅热后放入洋葱、姜，用小火拌炒。炒出香味后，加入A，煮开后放入剩余材料，混合后再次煮开，加入盐、胡椒调味。

3 放入焖烧罐

倒掉焖烧罐中1预热的热水，加入2后旋紧盖子即可。

姜一餐份

碎末状

摩洛哥断食用的基本汤品，孜然的香气为重点

哈利娜蔬菜汤

材料

姜 … 1餐份 ▶碎末状

牛绞肉 … 30g

鹰嘴豆(水煮) … 30g

洋葱 … $^1/_{16}$个(10g) ▶碎末状

胡萝卜 … 1/6 根(20g) ▶碎末状

孜然粉 … 1/3 小匙

A
| 肉桂粉 … 1/3 小匙
| 番茄泥 … 1 大匙
| 颗粒状高汤 … 1 小匙

橄榄油 … 1 小匙

盐、胡椒 … 各少许

欧芹 … 1 大匙 碎末状

水 … 3/4 杯

做法

1 预热

在焖烧罐里注入热水，旋紧盖子预热。

2 煮

在锅子里倒入橄榄油加热后加入洋葱、胡萝卜、孜然、绞肉拌炒，肉变色后再加入水、鹰嘴豆、A、姜转大火煮开，最后加入盐、胡椒调味。

3 放入焖烧罐

倒掉焖烧罐中1预热的热水，加入2、欧芹稍微搅拌，旋紧盖子即可。

193
kcal

想要改善生理不顺及生理痛，我推荐食用具有调整子宫或卵巢作用的芹菜、欧芹、胡萝卜等芹科蔬菜。因为器官寒冷是生理不顺的主要原因，若能摄取温暖的汤品促使脏器血液循环良好，就能得到更好的效果。

73 kcal

姜一餐份

切丝状

好吃的秘诀在于明太子不要太分散

芹菜大豆芽明太子汤

材料

姜 … 1餐份 ▶ 切丝状

芹菜 … 40g ▶ 长3cm切细

大豆芽菜 … 30g

盐渍明太子 … 1/2腹（30g）
▶ 切成1cm宽

中式汤底 … 2/3 小匙

太白粉 … 1 小匙

水 … 3/4 杯

做法

1 预热

在焖烧罐里注入热水，旋紧盖子预热。

2 煮

锅子里倒入中式汤底煮开。放入芹菜、大豆芽菜、姜再次煮开后加入用双倍水（分量之外）调成的太白粉勾芡，熄火后再加入明太子稍微搅拌即可。

3 放入焖烧罐

倒掉焖烧罐中1预热的热水，加入2后旋紧盖子即可。

姜一餐份

四角薄片

添加铁质丰富的小扁豆，可以预防贫血

小扁豆乡村汤

材料

姜 … 1餐份 ▶四角薄片

小扁豆（去皮）… 1大匙（20g）

火腿 … 1片（15g）▶四角薄片

圆白菜 … 1/2片（30g）▶四角薄片

芹菜 … 20g ▶四角薄片

A　颗粒状高汤 … 1/2 小匙
　　盐、胡椒 … 各少许

热水 … 适量

做法

1 预热

将A以外的材料加入焖烧罐里，注入热水盖过食材，旋紧盖子预热。

2 滤过热汁 & 注入热水

2分钟后将1的盖子打开，用滤网将热汁过滤掉，避免食材溢出。依序将A、热水倒入焖烧罐内侧线条的位置后稍微混合，最后旋紧盖子即可。

118
kcal

随着年龄增长，女性荷尔蒙减少会引起更年期障碍，可利用类似女性荷尔蒙的大豆异黄酮来缓解不适感。另外，被称为精胺酸的氨基酸对更年期障碍也很有效。鱼、肉、豆类以及牛蒡等根茎类蔬菜中，都含有相当高的精胺酸。

99 kcal

姜一餐份

薄片状

在大豆制品高野豆腐中，添加丰富的根菜类

豆腐根菜汤

材料

姜 … 1餐份 ▶薄片状

高野豆腐 … 切成小块2~3个、
　　或 1/2 大个(8g)

牛蒡 … 10cm(20g) ▶斜切薄片

芜菁 … 1/4个(20g) ▶切成3等份瓣状

莲藕 … 1/2 小节(20g) ▶切成半月形

胡萝卜 … 1/6 根(20g) ▶杏叶状

A ‖ 和风酱汁 … 1/2 小匙
　 ‖ 酱油 … 1 小匙
　 ‖ 味醂 … 1/2 小匙

热水 … 适量

做法

1 预热

将A以外的材料加入焖烧罐，注入热水盖过食材，旋紧盖子预热。

2 滤过热汁 & 注入热水

2分钟后将 1 的盖子打开，用滤网将热汁过滤掉，避免食材溢出。将A、热水依序倒入焖烧罐内侧线条的位置后稍微混合，最后旋紧盖子即可。

87
kcal

姜一餐份

碎末状

容易入口的根菜类搭配盐曲，提升美味

根菜盐曲汤

材料

姜 ⋯ 1餐份 ▶粗碎末状

胡萝卜 ⋯ 1/6 根(20g) ▶6~7mm丁状

白萝卜 ⋯ 1cm(20g) ▶6~7mm丁状

牛蒡 ⋯ 10cm(20g) ▶6~7mm丁状

鱼轮 ⋯ 1 小根(20g) ▶6~7mm丁状

A | 盐曲 ⋯ 1 大匙
  | 味醂 ⋯ 1/2 小匙
  | 海带茶 ⋯ 1 小匙

热水 ⋯ 适量

做法

1 预热

将A以外的材料加入焖烧罐里，注入热水盖过食材，旋紧盖子预热。

2 滤过热汁 & 注入热水

2分钟后将1的盖子打开，用滤网将热汁过滤掉，避免食材溢出。将热水、A依序倒入焖烧罐内侧线条的位置后稍微混合，最后旋紧盖子即可。

保护身体避免细菌或病毒等外敌入侵的免疫力，体温下降1℃，免疫力也会随之下降30%。对提高免疫力来说，促使体温上升的同时，也要摄取避免让白血球等免疫细胞氧化的食材。在此非常推荐西兰花或洋葱等含有丰富抗氧化成分的黄绿色蔬菜。

185 kcal

姜一餐份
碎末状

煮不烂的西兰花是美味和营养的主角

西兰花贝柱玉米浓汤

材料

姜 ··· 1餐份 ▶ 碎末状

西兰花 ··· 40g ▶ 分成小朵状

干贝柱 ··· 2个

玉米罐头（奶油口味）··· 1/3 罐（80g）

洋葱 ··· 1 大匙 ▶ 泥状

牛奶 ··· 2/3 杯

盐、胡椒 ··· 各少许

做法

1 预热

在焖烧罐里注入热水，旋紧盖子预热。

2 煮

在锅子里倒入玉米、干贝柱、牛奶、洋葱、姜煮开后，再加入西兰花、盐、胡椒，煮开后熄火。

3 放入焖烧罐

倒掉焖烧罐中1预热的热水，加入2后旋紧盖子即可。

姜一餐份

薄片状

整粒梅干边捣碎边吃是享用时的美味诀窍

烤大葱鸡翅梅干汤

材料

葱 … 2/3根（40g）
▶ 切成3cm长

鸡翅中段 … 2小根（40～60g）

芝麻油 … 1小匙

梅干 … 1个

A ‖ **姜 … 1餐份** ▶ 切片
‖ 盐、胡椒 … 各少许

热水 … 适量

做法

1 预热

在焖烧罐里注入热水，旋紧盖子预热。

2 油煎

在锅子里倒入芝麻油，锅热后并排放入葱和鸡翅，整体烤到金黄焦色。

3 放入焖烧罐 & 注入热水

将1的盖子打开后倒掉热水。将2、A、梅干、热水倒入焖烧罐后稍微混合，最后旋紧盖子即可。

142
kcal

花粉症等过敏疾病，是由免疫过度活跃所引起。最适合减轻花粉症的食材是苹果。除了含有能调整肠内环境的食物纤维果胶之外，果皮部分也含有槲皮素等多酚，所以，最好连皮一起吃。

167 kcal

姜一餐份

泥状

苹果泥和红薯，兼容性绝佳的甜汤品

红薯苹果浓汤

材料

姜 … 1餐份 ▶ 泥状

红薯 … 1/6根（50g）
　▶去皮后，以微波炉加热捣碎

苹果 … 1/6个（40g）
　▶连皮磨成泥

胡萝卜 … 1/6根（20g）▶切丝

非调和豆乳 … 3/4 杯

盐、胡椒…各少许

做法

1 预热

在焖烧罐里注入热水，旋紧盖子预热。

2 微波炉加热 & 煮开

用保鲜膜轻轻包覆红薯，放进微波炉加热1分20秒，稍微冷却后捣碎。锅子里加入捣碎后的红薯和剩余材料，混合后煮开，再加入盐、胡椒调味。

3 放入焖烧罐

倒掉焖烧罐中1预热的热水，加入2后，旋紧盖子即可。

腹泻

由于消化不良或体寒而引起的腹泻，必须消除肠胃的寒冷，同时摄取有助于消化吸收的食材。在此推荐能让身体温暖且能帮助消化，有"天然消化药物"之称的芜菁。白色根部含有丰富消化酵素，黄绿色蔬菜的叶片也能让人有饱足感哦！

108 kcal

姜一餐份

泥状

芜菁、味噌、梅干是提升体温和帮助消化的最佳食材

豆腐芜菁梅干汤

材料

姜 … 1餐份 ▶泥状

芜菁 … 1大个（80g）▶泥状

加工豆腐 … 1小个（30g）

　　▶切成4等份

梅干 … 1个 ▶捣碎

A　┃ 和风酱汁 … 1/2小匙
　　┃ 味噌 … 1小匙

热水 … 适量

做法

1 预热食材和焖烧罐

在焖烧罐里放入加工豆腐，注入热水盖过食材，旋紧盖子预热。

2 微波炉加热

将芜菁和姜、梅干放进耐热容器里，轻轻覆盖保鲜膜，放进微波炉加热30秒，稍微冷却后捣碎。

3 滤过热汁＆注入热水

2分钟后将1的盖子打开，用滤网抵住避免食材溢出，将热汁过滤掉。再依序加入2、A、热水至焖烧罐内侧线条的位置后稍微混合，最后旋紧盖子即可。

感冒之初，必须摄取能促进血液循环让身体温暖和能提高免疫力的食材。葱和小松菜含有丰富的 β 胡萝卜素，能在体内转化成抗氧化力高的维生素A，达到提高免疫力的效果。作为汉方感冒药，大家所熟知的葛根汤的主要成分——葛，对于击退伤风感冒也很有效。

62 kcal

姜一餐份
薄片状

有助消化的白肉鱼和黄绿色蔬菜、葛泥可轻松击退伤风感冒

满满青葱、小松菜、海带葛汤

材料

姜 … 1餐份 ▶薄切

A
| 葱 … 1/2根（30g） ▶斜薄切
| 小松菜 … 1株（20g）
| ▶切成2~3cm长
| 生鳕 … 1片（30g）

葛粉 … 1小匙 ▶以双倍水量调匀

烤海苔（8片装）… 2片 ▶撕成小块

酒 … 1/2大匙

盐 … 少许

B
| 鸡骨高汤 … 1/2 小匙
| 橘醋酱油 … 1小匙

热水 … 适量

做法

1 预热食材和焖烧罐

在焖烧罐里放入姜，注入热水盖过食材，旋紧盖子预热。

2 微波炉加热

将A放进耐热容器里，撒上盐和酒后轻轻覆盖保鲜膜，放进微波炉加热1分钟。

3 滤过热汁 & 注入热水

2分钟后将1的盖子打开，用滤网抵住避免食材溢出，将热汁过滤掉。再依序加入2、B、葛粉、热水、海苔至焖烧罐内侧线条的位置后稍微混合，最后旋紧盖子即可。

肠胃不适

自从发现圆白菜中含有的丰富维生素U对于胃部及十二指肠溃疡非常有效，并制成肠胃药之后，圆白菜成为改善肠胃不适的首选食材。此外，氯和硫磺等矿物质所具有的净化作用，有助于消化脂肪较多的料理。

90
kcal

去皮茄子的浓稠口感和豆乳最搭配

姜一餐份
薄片状

茄子圆白菜白味噌豆乳汤

材料

姜 … 1餐份 ▶薄片状

茄子 … 1/2个(30g)
　▶去皮后切成一口大小

圆白菜 … 1/4大片(20g)
　▶切成小片状

蒸饼 … 20g ▶粗碎末

非调和豆乳 … 1/3 杯

白味噌 … 2小匙

海带茶 … 1 小匙

葱 … 适量 ▶切小块

水 … 2/3 杯

做法

1 预热

在焖烧罐里注入热水，旋紧盖子预热。

2 煮

在锅子里倒入水、豆乳、茄子、蒸饼、海带茶、白味噌后加热。煮开后加入姜和圆白菜，再次煮开后立刻熄火。

3 放入焖烧罐

倒掉焖烧罐中1预热的热水，加入2、葱花后旋紧盖子即可。

血液中的水分过剩造成血管压力过高是高血压的原因之一。对于排出多余水分来说，利尿作用高的小黄瓜等非常有效。此外，让血液不易浓稠的洋葱成分二烯丙基硫（大蒜精）及强化血管的青鱼油脂、EPA等，都能改善高血压，请善加利用。

120 kcal

姜一餐份
切丝状

满满都是沙丁鱼的 EPA 和具有降血压作用的蔬菜

沙丁鱼小黄瓜酸味汤

小贴士
姜可以去除沙丁鱼的腥味。

材料

姜 … 1餐份 ▶切丝状

油渍沙丁鱼 … 1 小尾(20g)
　▶切成一口大小

小黄瓜 … 1/3 根(30g) ▶切细

竹笋(水煮)… 20g ▶切细

洋葱 … 1/8个(20g) ▶薄片

A ｜｜ 醋、砂糖 … 各1/2 大匙
｜｜ 中式汤底 … 1/3 小匙
｜｜ 盐、胡椒 … 各少许

白芝麻粉 … 1/2 小匙

热水 … 适量

做法

1 预热食材和焖烧罐

在焖烧罐里加入小黄瓜和竹笋、洋葱、姜，注入热水盖过食材，旋紧盖子预热。

2 滤过热汁 & 注入热水

2分钟后将 1 的盖子打开，用滤网将热汁过滤掉，避免食材溢出。将油渍沙丁鱼、A、热水依序倒入焖烧罐内侧线条的位置后稍微混合，撒上芝麻粉，最后旋紧盖子即可。

切洋葱时会流眼泪是因为味道成分里含有洋葱二烯丙基硫。二烯丙基硫受人瞩目是因为能促使血栓及胆固醇代谢正常，进而达到预防血栓、净化血液的目的。大豆也具有降低血液中胆固醇的作用。

188 kcal

姜一餐份

薄片状

充满洋葱甜味的汤品，添加水煮大豆增加饱足感

大豆洋葱烤菜汤

材料

姜 … 1餐份 ▶ 薄片状

洋葱 … 1/3个 (60g) ▶ 薄切

大豆(水煮) … 20g

培根 … 1/2 片 ▶ 细切

麸 … 2个

溶解起司 … 6g

A | 颗粒状高汤 … 1/2 小匙
| 辣酱油 … 1/2 小匙

盐、胡椒 … 各少许

欧芹 … 适宜 ▶ 碎末状

水 … 3/4 杯

做法

1 预热

在焖烧罐里注入热水，旋紧盖子预热。

2 微波炉加热 & 煮开

在耐热容器里放入洋葱和培根，轻轻地覆盖保鲜膜后放进微波炉加热2分钟。之后倒入锅子里，加入大豆、A后拌炒，再加入姜和水煮开，最后加入盐、胡椒调味。

3 放入焖烧罐

倒掉焖烧罐中1预热的热水，依序加入2、麸、起司、欧芹后，旋紧盖子即可。

治疗糖尿病基本上以抑制饭后血糖值上升为主。食物纤维丰富的牛蒡等，因为消化缓慢，不会引起血糖值上升。此外，山药黏稠成分中的黏蛋白也能抑制进入肠道的糖分吸收速度。

134 kcal

姜一餐份
切丝状

有咀嚼口感的根菜类和山药都具有抑制血糖的作用

牛蒡胡萝卜味噌浓汤

材料

姜 … 1餐份 ▶切丝状

牛蒡 … 15cm（30g）▶切细薄状

胡萝卜 … 1/6 根（20g）▶切细薄状

山药 … 30g ▶泥状

油炸豆腐 … 15g ▶细切

A ‖ 和风酱汁 … 1 小匙
‖ 味噌 … 1/2大匙

热水…适量

做法

1 预热食材和焖烧罐

在焖烧罐里加入牛蒡、胡萝卜、油炸豆腐、姜，注入热水盖过食材，旋紧盖子预热。

2 微波炉加热

将山药放入耐热容器里，用微波炉加热20秒。

3 滤过热汁 & 注入热水

2分钟后将1的盖子打开，用滤网将热汁过滤掉，避免食材溢出。将A加入半量热水后稍微搅拌，再将2、剩余的热水倒入焖烧罐内侧线条的位置后旋紧盖子即可。

PART 3

想吃的时候都能保持温暖
80℃姜饮品

焖烧罐若只用于调理汤品是不是觉得有些可惜呢?
不管什么时候想喝,只要有姜和茶叶,就能做出
80℃的姜饮品,只要添加香草、香料、新鲜水果或
干燥水果等,随时都能让午茶喝得更健康、更丰富。
配合当天的身体状况来选择吧!

预防感冒　增加女性魅力　消除疲劳

充满抗氧化作用的维生素 C 健康饮品

热柠檬姜茶

材料

姜 … 1餐份 ▶薄片状

柠檬汁 … 1/4 杯（50 g）

蜂蜜 … 2~3小匙

热水 … 适量

做法

1 预热食材和焖烧罐

在焖烧罐里加入姜，注入热水盖过食材，旋紧盖子预热。

2 准备食材

混合蜂蜜和柠檬汁。

3 滤掉热汁 & 注入热水

2分钟后将1的盖子打开，用滤网将热汁过滤掉，避免食材溢出。依序将2、热水倒入焖烧罐内侧线条的位置后稍微搅拌，最后将盖子旋紧。

预防感冒　增加女性魅力　提高免疫力　消除疲劳

使用增强免疫力的两种食材，击退感冒及花粉症

苹果葛汤

材料

姜 … 1餐份 ▶泥状

苹果汁 … 5/4杯

葛粉 … 6g

小贴士

- 用苹果汁充分溶解葛粉后，再用小火加热较不易结块。
- 用相同分量的太白粉代替葛粉也可以。

做法

1 预热

在焖烧罐里注入热水，旋紧盖子预热。

2 煮

在锅子里倒入苹果汁和葛粉后充分溶解。用小火煮至冒泡后熄火。

3 放入焖烧罐

倒掉焖烧罐中1预热的热水，加入2、姜后稍微搅拌，旋紧盖子即可。

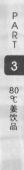

57 kcal　苹果葛粉汤

131 kcal　热柠檬姜茶

138
kcal

乌龙茶拿铁

4
kcal

薄荷姜茶

27
kcal

水果南非茶

提高免疫力　增加女性魅力　消除疲劳

鲜奶乌龙茶迅速提升体温

乌龙茶拿铁

材料

姜 … **1餐份** ▶薄片状

乌龙茶(Leaf)… 8g

牛奶 … 3/4 杯

砂糖 … 3~4小匙

热水 … 1/2 杯

做法

1 在焖烧罐里注入热水，旋紧盖子预热。

2 将砂糖以外的所有材料加入锅子后加热，煮开后转小火2~3分钟。

3 将预热的水倒掉，加入2、砂糖稍微搅拌后将盖子旋紧即可。

增加女性魅力　控制食欲　提高免疫力　消除疲劳

消除焦躁、疲劳、口臭的清爽饮品

薄荷姜茶

材料

姜 … **1餐份** ▶薄片状

薄荷茶(茶包)… 1袋

　新鲜薄荷 … 15~20g

热水 … 5/4 杯

做法

1 在焖烧罐里注入热水，旋紧盖子预热。

2 另外准备一只保温罐，在其中加入茶包(新鲜薄荷)、姜、热水后旋紧盖子蒸3~5分钟后取出茶包（新鲜薄荷）。

3 将1预热的水倒掉，加入2、适量的薄荷叶后将盖子旋紧即可。

预防感冒　增加女性魅力　消除疲劳

在不含咖啡因的南非茶中增添水果的香气

水果南非茶

材料

姜 … **1餐份** ▶薄片状

南非茶(Leaf) … 3g

茶包 … 1袋

柳橙 … 1/5个(20g)

苹果 … 1/8个(30g)

热水 … 1杯

做法

1 在焖烧罐里放入姜、柳橙、苹果，注入热水盖过食材，旋紧盖子预热。

2 另外准备一只保温罐，加入南非茶、热水，旋紧盖子焖1~2分钟。

3 2分钟后将1的盖子打开，用滤网将热汁过滤掉，避免食材溢出。将2滤入后将盖子旋紧。

增加女性魅力　提高免疫力　消除疲劳

麦茶里加入各种干燥水果

自制八方茶

姜一餐份
薄片状

材料

姜 ··· 1餐份 ▶薄片状

麦茶(茶包) ··· 1袋

红枣 ··· 2个(10g)

芒果干 ··· 1大个(15g)

枸杞 ··· 1大匙

银耳 ··· 2个(2g)

热水 ··· 5/4 杯

做法

1 预热

在焖烧罐里注入热水，旋紧盖子预热。

2 煮

将所有材料加入锅子后加热，煮开后转小火，2~3分钟后取出茶包。

3 放入焖烧罐

将1预热的水倒掉，加入2后将盖子旋紧即可。

消除疲劳　消除宿醉　提高免疫力　增加女性魅力

梅干和酱油煎茶是治疗腹泻的妙药

梅干酱油茶

姜一餐份
泥状

材料

姜 ··· 1餐份 ▶泥状

梅干 ··· 1个

酱油 ··· 约1小匙

煎茶(Leaf) ··· 6g

热水 ··· 5/4 杯

小贴士

边喝边将梅干捣碎，味道更好。

做法

1 预热

在焖烧罐里注入热水，旋紧盖子预热。

2 焖泡

另外准备一只保温罐，加入粗茶、热水，旋紧盖子焖3~5分钟。

3 放入焖烧罐

将1预热的水倒掉，再加入梅干、酱油、姜、2后将盖子旋紧即可。

90 kcal　自制八方茶

11 kcal

梅干酱油茶

消除疲劳　改善便秘　增加女性魅力　预防感冒

以黑糖、黑芝麻、可可作为改善贫血的主要饮品

黑芝麻可可

材料

姜 … 1餐份 ▶ 泥状

纯可可 … 1大匙
黑芝麻粉 … 2小匙
黑砂糖 … 2~3小匙
牛奶 … 5/4 杯

做法

1 预热

在焖烧罐里注入热水，旋紧盖子预热。

2 煮

在锅子里放入可可和黑砂糖、芝麻后，再一点一点注入少量牛奶，使其滑顺浓稠。开火后边搅拌边加温，加入姜煮开，熄火。

3 放入焖烧罐

将1预热的水倒掉，加入2后将盖子旋紧即可。

增加女性魅力　消除疲劳　提高免疫力

在多种香料中加入焦糖，立刻让身体温热

焦糖姜茶

材料

姜 … 1餐份 ▶ 泥状

焦糖 … 1~2个
红茶(Leaf) … 6g
白荳蔻 … 1粒
肉桂粉 … 约1小匙
肉桂棒 … 1根
牛奶 … 1杯
水 … 1/4 杯

做法

1 预热

在焖烧罐里注入热水，旋紧盖子预热。

2 煮

在锅子里放入牛奶、水、红茶、白荳蔻后加热，煮开后转小火约5分钟。

3 放入焖烧罐

将1预热的水倒掉，再加入姜、焦糖、肉桂粉(肉桂棒)、2后将盖子旋紧即可。

232 kcal 黑芝麻可可

172 kcal 焦糖姜茶

182
kcal

姜一餐份

泥状

增加女性魅力　消除眼睛疲劳　消除疲劳

利用红豆的利尿作用，轻松改善水肿现象

豆乳姜粥

材料

姜 … 1餐份 ▶泥状

水煮红豆 … 3大匙(40g)

非调和豆乳 … 1杯

做法

1 预热

在焖烧罐里注入热水，旋紧盖子预热。

2 煮

在锅子里放入豆乳和水煮红豆、姜后加热，煮开后熄火。

3 放入焖烧罐

将1预热的水倒掉，加入2后将盖子旋紧即可。

姜

专栏1

携带、保存都方便
动手做蒸姜薄片吧！

除了80℃姜饮品之外，如果有容易携带和保存的"蒸姜"也会非常方便。除了使用焖烧罐之外，也可以利用蒸笼或烤箱进行制作。就用1个老姜（约100g）来做吧！

1 用焖烧罐制作

在焖烧罐里注入热水，旋紧盖子预热2分钟后，将热水倒掉，放入切薄的姜片，旋紧盖子焖3小时。

2 用蒸笼制作

将切成薄片的姜分开排列在蒸笼里，蒸笼里加水后开火，水开后约蒸30分钟。闻到甘甜香气时即可熄火。

3 `省时诀窍` 用烤箱制作

 ▶ ＼完成！

在烤盘里铺上烘培纸，姜片分开排列，设定80℃加热1小时(无法设定80℃时，设定100℃左右也可以)。

将1和2做好的蒸姜排列在滤盘上，放在室外日晒或放在室内晾干(日晒约1天、室内干燥则须1周，但必须视天气或温度来决定)。

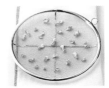

＼完成！

完成的蒸姜薄片。

打成粉末
用食物调理机或小型搅拌机打成粉末(用厨房专用剪刀剪细也可以)。

注意
○姜片若用微波炉加热，干燥姜片有可能引起燃烧，一定要避免直接使用微波炉加热。

活用法
○蒸姜一天的摄取量约3g。姜干燥后的重量约为1/10，相当于生姜的30g。

○撒在料理上或饮料里，饮料1杯或1餐份约1/3小匙～半匙。

随身携带，随时取用，非常方便！

打成粉末的蒸姜片，要避免高温多湿，放进密闭容器可保存3个月。

应用在每天的料理上

活用姜汁法

让我来介绍既能运用于每日菜单，又能发挥姜和海带美味的姜汁做法吧！
掌握了基本的做法之后，就能轻松完成既美味又健康的菜单。

充满海带美味和姜精华

姜汁

重点

○ 时间较赶的时候，放置1小时即可使用。

○ 长期保存时，请存放在附拉链的保存袋里冷冻保存。

○ 依个人习惯将姜和海带酌量使用于料理中。

材料(约250~260ml份)

姜 … 1餐份 ▶ 切片

海带 … 3g ▶ 切成2cm宽

热水 … 适量

做法

1 在焖烧罐里注入热水，旋紧盖子预热。

2 将1预热的水倒掉，依序加入姜、海带、热水，倒入焖烧罐内侧线条的位置后将盖子旋紧，放置3小时。

完成后的姜汁

妇科不适时期最适合添加根菜类

根菜姜汁炊饭

1人份
344
kcal

材料(4人份)

姜汁

… 全部份量(5/4 杯)

▶ 姜丝在蒸饭之前加入

米 … 2杯(360ml)

油炸豆腐 … 1 片(40g)

▶ 对半切后再切细

胡萝卜 … 1/2 根(60g)

▶ 3cm长细切

牛蒡 … 30㎝(60g)

▶ 3㎝长细切

玉蕈 … 1/2 盒

▶ 分成小朵状

鸭儿芹 … 1/2把▶切细

A	酒 … 2大匙
	味醂 … 1/2大匙
	酱油 … 1 大匙
	盐 … 1/2 小匙

水 … 适量

做法

1 将米洗净后筛起。姜汁里混合A后，添加360ml水。

2 将1放入内锅里稍微混合后，加入胡萝卜、牛蒡、玉蕈、姜、油炸豆腐后按一般方式炊煮。完成后加入鸭儿芹稍微搅拌，盛放于容器内。

材料(2人份)

姜汁 … 1/3 杯
▶姜切丝后使用

蛤蜊(水煮)
… 1/2 小罐(30g)

乌贼(生鱼片用) … 60g
▶切成3cm长

韭菜 … 1 小把(80g)
▶切成3cm长

蛋 … 2个

A | 低筋面粉 … 40g
　| 太白粉 … 2大匙
　| 盐 … 少许

芝麻油 … 1 大匙

酱汁

橘醋酱油
… 2~3大匙

葱 … 1/3根(20g)
▶碎末状

白芝麻粉 … 1大匙

豆瓣酱 … 1/2小匙

促进血液循环、恢复精力效果好

海鲜韭菜煎饼

1人份
310 kcal

做法

1 在搅拌盆里将蛋打散，加入姜汁和A后充分搅拌混合，置于冷藏室30分钟~1小时。再加入滤掉罐头汤汁的蛤蜊、乌贼、韭菜、姜后搅拌混合。

2 在平底锅里倒入芝麻油加热，将1的材料倒入平底锅抹平，用刮刀按压煎至双面呈现金黄色即可。

3 切开放进盘子里，搭配蘸酱食用。

材料(4人份)

姜汁 … 1杯
▶姜也腌渍

梅干 … 2个 ▶切半

小黄瓜 … 1根(100g)
▶切成条状

莲藕 … 1/2 小节(60g)
▶切成半月状

胡萝卜 … 1/3 根(60g)
▶切成条状

南瓜
… 切成4份后的 1/6 个
(60g)
▶切成5mm的薄片

茗荷 … 2个(30g)
▶纵向切半

A | 醋 … 1/2 大匙
　| 砂糖 … 4大匙
　| 盐 … 2小匙

以梅子风味搭配和食也很受欢迎

和风腌小黄瓜

1人份
55 kcal

做法

1 在锅子里加入A，煮开后稍微冷却。

2 将南瓜排列在耐热容器里，轻轻地覆盖保鲜膜后，放进微波炉里加热1分~1分30秒。

3 将1、2、剩余蔬菜、梅干、姜和姜汁放入保存容器内腌渍一晚。

🔪 食 材 索 引

※ 本页仅收录姜以外的主要材料。

95

图书在版编目（CIP）数据

焖烧罐祛寒减肥汤午餐 ／（日）石原新菜，（日）金
丸绘里加著；蒋佳珈译. —— 北京：光明日报出版社，
2015.11
（随身小厨房）
ISBN 978-7-5112-9327-5

Ⅰ．①焖… Ⅱ．①石… ②金… ③蒋… Ⅲ．①保健-
汤菜-菜谱 Ⅳ．①TS972.122

中国版本图书馆CIP数据核字(2015)第234482号

著作权登记号：01-2015-7094
SOUPJAR DE TSUKURU HIETORI & DIET SHOUGA SOUP BENTOU
© SHUFUNOTOMO CO., LTD. 2014
Originally published in Japan in 2014 by SHUFUNOTOMO CO., LTD.
Chinese translation rights arranged through DAIKOUSHA INC., Kawagoe.

随身小厨房：焖烧罐祛寒减肥汤午餐

著　　者：[日]石原新菜 [日]金丸绘里加　　译　　者：蒋佳珈

责任编辑：李　娟　　　　　　　　　　策　　划：多采文化
责任校对：杨晓敏　　　　　　　　　　装帧设计：杨兴艳
责任印制：曹　净

出版方：光明日报出版社
地　　址：北京市东城区珠市口东大街5号，100062
电　　话：010-67022197（咨询）　传　真：010-67078227，67078255
网　　址：http://book.gmw.cn
E-mail：gmcbs@gmw.cn　　lijuan@gmw.cn
法律顾问：北京德恒律师事务所龚柳方律师

发行方：新经典发行有限公司
电　　话：010-68423599　E-mail：editor@readinglife.com

印　　刷：北京艺堂印刷有限公司
本书如有破损、缺页、装订错误，请与本社联系调换

开　　本：889×1270　1/32
字　　数：100千字　　　　　　　　　印　　张：3
版　　次：2016年2月第1版　　　　　印　　次：2016年2月第1次印刷
书　　号：ISBN 978-7-5112-9327-5

定　　价：36.00元